Rechengesetze und Rechentricks

1 Rechne vorteilhaft, indem du das Kommutativgesetz und das Assoziativgesetz anwendest.

a) 28 + 37 + 52 = (28 + 52) + 37 = 80 + 37 = ______

b) 73 + 19 + 67 = ______ = ______ = ______

c) 19 + 88 + 41 = ______ = ______ = ______

d) 35 + 74 + 55 = ______ = ______ = ______

e) 64 + 28 + 36 = ______ = ______ = ______

2 Ergänze.

addiert | Distributiv | multipliziert | Produkte | Summe

Das ______ gesetz:

Eine Zahl wird mit einer ______ multipliziert, indem man jeden Summanden mit dieser Zahl ______ und die ______ dann ______.

3 Wende das Distributivgesetz an.

a) 6 · (70 + 5) = 6 · 70 + 6 · 5 = 420 + 30 = ______

b) 8 · (30 + 4) = ______ = ______ = ______

c) 5 · (40 + 9) = ______ = ______ = ______

d) 4 · (50 − 8) = 4 · 50 − 4 · 8 = 200 − 32 = ______

e) 3 · (60 − 3) = ______ = ______ = ______

f) 9 · (80 − 6) = ______ = ______ = ______

4 Rechne vorteilhaft. Wende das Distributivgesetz oder die Regel „Klammern zuerst" an.

a) 7 · (80 + 9) = ______ = ______ = ______

b) 6 · (64 + 26) = ______ = ______ = ______

c) 9 · (80 + 3) = ______ = ______ = ______

d) (38 + 12) · 7 = ______ = ______ = ______

e) (50 + 7) · 8 = ______ = ______ = ______

f) (41 + 39) · 5 = ______ = ______ = ______

5 Schreibe eine passende Hilfsaufgabe auf und rechne im Kopf.

a) 800 · 600 = ______

b) 9000 · 70 = ______

c) 3000 · 500 = ______

d) 2500 : 500 = ______

e) 1600 : 20 = ______

f) 360 : 60 = ______

8 · 100 · 6 · 100 =

Schriftliches Rechnen

1 Berechne zuerst den Überschlag. Rechne dann genau.

a) 85 629 + 4 750 316

Ü: ______

M	HT	ZT	T	H	Z	E

K: ______ ≈ ______

b) 3 204 638 − 570 994

Ü: ______

M	HT	ZT	T	H	Z	E

K: ______ ≈ ______

2 Rechne schriftlich. Von den Kontrollzahlen bleiben zwei Zahlen übrig.

a) 7 2 5 · 3 6 5

b) 5 9 2 · 8 4

c) 6 4 7 3 · 8 5 9

49 728

490 625

264 625

2 640 307

5 560 307

3 Rechne schriftlich. Kontrolliere mit der Probe.

a) 5 2 0 4 4 : 6 =

P: ·

b) 6 4 3 7 6 : 8 =

P: ·

4 a) Bilde die Differenz aus 270 439 und 81 643 und multipliziere das Ergebnis mit 23.

b) Bilde das Produkt aus 326 und 3 892 und addiere zu diesem 230 419.

▸ Seiten 12/13

Schriftliches Rechnen mit Dezimalzahlen

1 Schreibe stellengerecht untereinander und rechne schriftlich.

a) 45,234 + 6,08 b) 365,0867 − 9,493 c) 9,7214 + 630,148

d) 921,546 + 83,2 e) 64,2318 − 3,941 f) 543,23 − 7,4513

51,314 | 60,2908 | 355,5973 | 535,7787 | 639,8694 | 929,866 | 1004,746

2 Berechne zuerst den Überschlag. Rechne dann genau.

a) 54,201 · 6 Ü: ____ b) 954,362 · 8 Ü: ____ c) 7,26438 · 7 Ü: ____

d) 83,543 · 5 Ü: ____ e) 3,2957 · 4 Ü: ____ f) 652,086 · 9 Ü: ____

3 Rechne schriftlich. Kontrolliere mit dem Taschenrechner.

a) 62,845 : 5 = b) 8,4712 : 8 =

4 Überschlage im Kopf und setze das Komma an die richtige Stelle.

a) 66,1832 − 59,574 = 66092 b) 87,32 · 9 = 78588 c) 671,2 : 4 = 1678

▸ Seite 14

Überschlagen

1 Rechne den Überschlag. Welches Ergebnis passt? Verbinde.

a)

658 391 + 172 049	837 651 − 90 627	67 546 + 544 890	723 579 − 241 932
747 024	830 440	481 647	612 436
892 980 − 280 544	956 417 − 125 977	248 603 + 498 421	226 594 + 255 053

b)

32 880 : 4	3 760 · 3	2 421 · 9	33 138 : 2
11 280	16 569	8 220	21 789
1 644 · 5	130 734 : 6	2 367 · 7	90 240 : 8

2 Rechne den Überschlag.

a) 24 597 + 56 173 ______ b) 7 432 · 3 ______

c) 82 750 − 29 035 ______ d) 5 936 : 4 ______

3 Welche Aufgaben haben denselben Überschlag? Male sie in der gleichen Farbe an.

a)

27,536 · 6	3,4148 · 6	2,05 · 6
33,14 · 6	21,3 · 6	2,591 · 6
1,97845 · 6	31,9 · 6	22,2 · 6
2,439 · 6	2,75 · 6	25,403 · 6

b)

84,45 : 5	9,615 : 5	9,075 : 5
8,75 : 5	89,25 : 5	83,1425 : 5
93,5 : 5	9,3315 : 5	82,3615 : 5
8,6995 : 5	90,05 : 5	9,78105 : 5

4 Rechne den Überschlag.

a) 481,364 + 2 540,94 ______ b) 34,9813 · 73 ______

c) 6 517,06 − 759,284 ______ d) 51,7312 : 4 ______

5 Überschlage. Male die Felder mit falschen Ergebnissen aus.

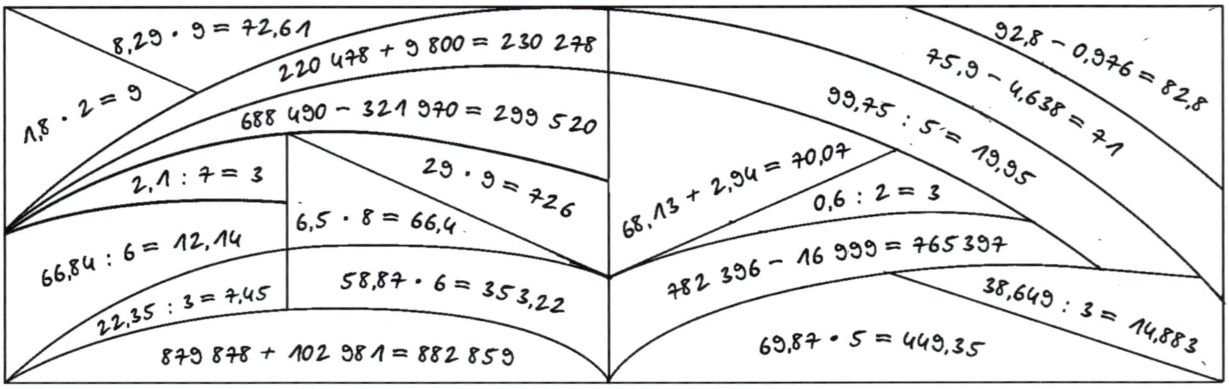

▸ Seite 15

Quadratzahlen und Quadratwurzeln

1 Umkreise jeweils die Grundzahl und die dazu passende Quadratzahl in der gleichen Farbe.

Grundzahl

1	3	12		17	20		15
10	9	7		18	11		19
16	14	5	4	8	13	6	2

Quadratzahl

400	169	81	4	49	36	9
100	121	144	256	289	324	
64	25	16	1	225	361	196

2 Berechne die Quadratzahl.

a) $30^2 =$ ______ b) $40^2 =$ ______ c) $90^2 =$ ______ d) $120^2 =$ ______

e) $0{,}2^2 =$ ______ f) $0{,}7^2 =$ ______ g) $0{,}19^2 =$ ______ h) $0{,}5^2 =$ ______

i) $1{,}8^2 =$ ______ k) $1{,}5^2 =$ ______ l) $1{,}1^2 =$ ______ m) $1{,}6^2 =$ ______

3 Berechne die Quadratwurzel.

a) $\sqrt{9} =$ ______ b) $\sqrt{16} =$ ______ c) $\sqrt{144} =$ ______ d) $\sqrt{64} =$ ______

e) $\sqrt{400} =$ ______ f) $\sqrt{0{,}16} =$ ______ g) $\sqrt{0{,}25} =$ ______ h) $\sqrt{1{,}69} =$ ______

i) $\sqrt{0{,}81} =$ ______ k) $\sqrt{0{,}49} =$ ______ l) $\sqrt{2{,}25} =$ ______ m) $\sqrt{3{,}24} =$ ______

4 Das Rechteck hat einen Flächeninhalt von $16\,cm^2$.
Zeichne ein Quadrat mit dem gleichen Flächeninhalt.

5 Ein $36\,m^2$ großer quadratischer Raum soll mit quadratischen Fliesen ausgelegt werden.
Die fugenlos verlegten Fliesen haben eine Kantenlänge von 15 cm.
Wie viele Fliesen werden benötigt? Fertige eine Skizze an.

Skizze:

Antwort: ______

Seiten 16/17

Potenzen

1 Schreibe als Potenz.

a) $5 \cdot 5 \cdot 5 \cdot 5 \cdot 5 \cdot 5 \cdot 5 =$ ____
b) $121 \cdot 121 \cdot 121 \cdot 121 \cdot 121 =$ ____
c) $0{,}2 \cdot 0{,}2 \cdot 0{,}2 \cdot 0{,}2 \cdot 0{,}2 \cdot 0{,}2 =$ ____
d) $\frac{1}{2} \cdot \frac{1}{2} \cdot \frac{1}{2} \cdot \frac{1}{2} \cdot \frac{1}{2} \cdot \frac{1}{2} \cdot \frac{1}{2} \cdot \frac{1}{2} =$ ____
e) $89{,}3 \cdot 89{,}3 \cdot 89{,}3 \cdot 89{,}3 \cdot 89{,}3 =$ ____
f) $0{,}777 \cdot 0{,}777 \cdot 0{,}777 \cdot 0{,}777 =$ ____
g) $11 \cdot 11 \cdot 11 \cdot 11 \cdot 11 \cdot 11 =$ ____
h) $9{,}99 \cdot 9{,}99 \cdot 9{,}99 \cdot 9{,}99 \cdot 9{,}99 =$ ____

2 Schreibe als Multiplikationsaufgabe und berechne das Produkt.

a) $5^2 =$ ____
b) $5^3 =$ ____
c) $20^2 =$ ____
d) $10^4 =$ ____
e) $9^3 =$ ____
f) $2^4 =$ ____
g) $25^2 =$ ____
h) $3^4 =$ ____
i) $2^5 =$ ____
k) $6^3 =$ ____
l) $4^3 =$ ____
m) $1^7 =$ ____

3 Schreibe zuerst als Multiplikationsaufgabe mit gleichen Faktoren und danach als Potenz.

a) 8 = ____
b) 27 = ____
c) 64 = ____
d) 125 = ____
e) 216 = ____
f) 1 000 = ____

4 Vergleiche. >, < oder =? Setze ein.

a) 2^3 ◯ 3^2
b) 5^2 ◯ $50 : 2$
c) $7 \cdot 7 \cdot 7$ ◯ 7^5
d) 2^4 ◯ 4^2
e) 7^2 ◯ $42 + 7$
f) 3^3 ◯ $3 \cdot 3$
g) 20^2 ◯ 10^4
h) 8^2 ◯ 2^6
i) 81 ◯ 9^2
k) 10^2 ◯ 5^3
l) $150 - 6$ ◯ 12^2
m) 10^4 ◯ 100^2

5 Rechne mit dem Taschenrechner. Notiere deine Beobachtung.

a) $11^2 =$ ____
b) $111^2 =$ ____
c) $1111^2 =$ ____
d) $11111^2 =$ ____

e) Die Aufgabe $11\,111\,111^2$ muss man ohne Taschenrechner lösen, wenn man das genaue Ergebnis erhalten möchte.
$11\,111\,111^2 =$ ____

Beobachtung: ____

____

▸ Seiten 18/19

Zahlenraum bis und über 1000000

1 Einwohnerzahlen von Hannover

Jahr	1900	1927	1938	1945	1956	1979	1986	2000	2012
Einwohner	235666	433500	470100	217000	536810	535854	505718	515001	525875

a) Sprich die Einwohnerzahlen von Hannover.

b) Zwischen welchen Jahren hat sich die Einwohnerzahl mehr als verdoppelt?

Zwischen ________ und ________ hat sich die Einwohnerzahl mehr als verdoppelt.

c) Zwischen welchen Jahren hat sich die Einwohnerzahl ungefähr halbiert?

Zwischen ____

d) Nenne einen Grund für die Halbierung der Einwohnerzahl.

____

e) Ab 500000 Einwohner gilt eine Stadt als große Großstadt. Seit wann gilt Hannover als große Großstadt? Hannover gilt seit ______________________________

2 Ordne die Großstädte nach ihrer Einwohnerzahl. Beginne mit der größten Stadt.

a)

Platz	Stadt	Einwohnerzahl
	Bremen	550000
	Dresden	530000
	Dortmund	580000
	Duisburg	490000
	Düsseldorf	590000

Platz	Stadt	Einwohnerzahl
	Essen	570000
1.	Frankfurt/Main	690000
	Leipzig	530000
	Nürnberg	510000
	Stuttgart	610000

b) Trage in jedes Fähnchen die Platzierung der entsprechenden Stadt ein.

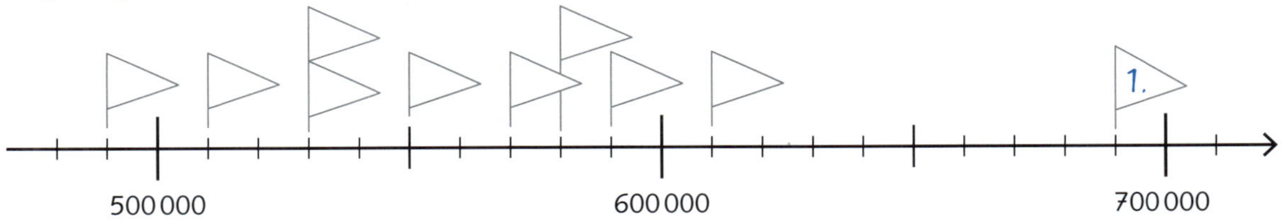

3 Ergänze.

a)
660000 + ______ = 800000
75000 + ______ = 100000
125000 + ______ = 150000

b)
38550 + ______ = 40000
777300 + ______ = 780000
132800 + ______ = 140000

▸ Seiten 21–23

Zahlen über eine Million lesen und schreiben

1 Diese Tabelle zeigt die Größe der Weltmeere.

Platz	Bezeichnung	Fläche	Fläche als natürliche Zahl
	Südpolarmeer	20 Mio. km²	
1.	Nordpolarmeer	14 Mio. km²	14 000 000 km²
	Atlantischer Ozean	106 Mio. km²	
	Pazifischer Ozean	181 Mio. km²	
	Indischer Ozean	75 Mio. km²	

a) Ordne die Weltmeere nach ihrer Größe. Beginne mit dem kleinsten.

b) Gib die Fläche als natürliche Zahl an.

2 Schreibe als natürliche Zahl.

a) 34 M + 6 HT + 5 ZT + 8 T + 5 H + 9 Z + 1 E = ______

8 M + 6 HT + 9 ZT + 4 T + 3 H + 0 Z + 4 E = ______

12 M + 3 HT + 0 ZT + 7 T + 4 H + 8 Z + 0 E = ______

b) 45 Mrd. + 912 M + 0 HT + 3 T + 9 H + 6 Z + 2 E = ______

370 M + 4 HT + 3 T + 7 H + 7 E = ______

73 Mrd. + 4 T + 5 Z = ______

40 M + 1 ZT + 6 T + 9 Z = ______

3 Ordne die Zahlen der Größe nach. Beginne mit der kleinsten Zahl.

a) 456783, 4577831, 31778, 37178

31778 <

b) 53446, 534461, 35446, 354461

c) 122293, 1293, 12293, 1222293

d) 871004, 871000, 8710000, 87104

4 Überschlage zuerst und kreuze danach das richtige Ergebnis an.

a) 895 · 9 = ▢ ○ 80 010 ○ 8 055 ○ 4 870

b) 50 160 : 8 = ▢ ○ 66 349 ○ 42 317 ○ 6 270

c) 171 630 : 3 = ▢ ○ 70 000 ○ 57 210 ○ 514 890

d) 233 574 · 6 = ▢ ○ 1 401 444 ○ 287 423 ○ 38 929

e) 320 792 : 4 = ▢ ○ 12 821 ○ 8 532 002 ○ 80 198

▸ Seiten 24/25

Zehnerpotenzen

1 a) Schreibe als Zehnerpotenz.

100000 =
100000000 =
1000 =
1000000000 =
10000 =

b) Schreibe als natürliche Zahl.

10^7 =
10^3 =
10^9 =
10^5 =
10^4 =

2 Schreibe als Zehnerpotenz wie im Beispiel.

80000 = $8 \cdot 10000 = 8 \cdot 10^4$
3000000 =
7000000000 =
600 =
900000000 =

3 a) Schreibe als Zehnerpotenz.

540000 = $5{,}4 \cdot 10^5$
320 =
170000000 =
898000 =
4760000 =
2030 =

b) Schreibe als natürliche Zahl.

$8{,}5 \cdot 10^4$ =
$2{,}61 \cdot 10^4$ =
$3 \cdot 10^1$ =
$7{,}654 \cdot 10^3$ =
$5{,}41 \cdot 10^3$ =
$1{,}974 \cdot 10^4$ =

4 Verbinde gleiche Werte.

a) 38000 | $3{,}8 \cdot 10^5$ | 380000 | $3{,}8 \cdot 10^7$
$3{,}8 \cdot 10^4$ | $3{,}8 \cdot 10^1$ | 38000000 | 38

b) 1700000000 | $1{,}7 \cdot 10^9$ | 17000 | $1{,}7 \cdot 10^4$
$7{,}1 \cdot 10^4$ | 710000000 | $7{,}1 \cdot 10^8$ | 71000

c) 5600000 | 6500 | $5{,}6 \cdot 10^3$ | 5600
6500000 | $6{,}5 \cdot 10^3$ | $6{,}5 \cdot 10^6$ | $5{,}6 \cdot 10^6$

5 Berechne den Abstand der einzelnen Planeten zur Sonne.

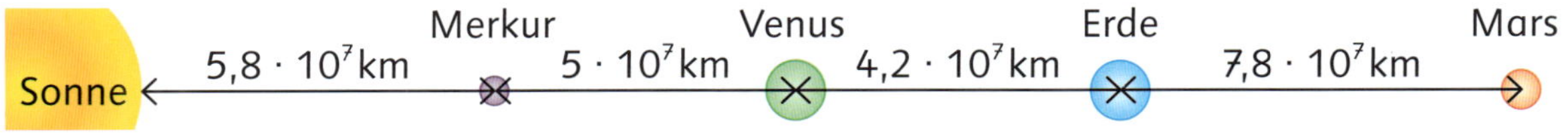

Merkur: ______
Venus: 58 000 000 km + ______
Erde: ______
Mars: ______

Zuordnungen untersuchen

1 Ling-Ling möchte Briefe verschicken.

a) Vervollständige die Sätze.

Gewicht der Briefe	Porto
bis 20 g	0,58 €
bis 50 g	0,90 €
bis 500 g	1,45 €

Dies ist keine proportionale Zuordnung,

weil ______________________________

____

Anzahl der Briefe zu 20 g	Portokosten
1	0,58 €
2	
3	
4	
5	

Dies ist eine proportionale Zuordnung,

weil ______________________________

____

b) Ergänze die fehlenden Angaben für 2, 3, 4 und 5 Briefe in der Tabelle.

c) Ling-Ling hat insgesamt sieben Briefe. Sie wiegen 14 g, 18 g, 23 g, 35 g, 45 g, 125 g und 320 g. Wie viel Porto muss Ling-Ling bezahlen?

Antwort: ______________________________

2 Noah macht eine Fahrradtour. In der ersten Stunde kommt er zügig voran. Dann beginnt eine Steigung. Nun braucht er für die Hälfte der bereits zurückgelegten Kilometer doppelt so lange. Danach gönnt er sich eine lange Pause. Anschließend fährt er gemächlich weiter. Welches Koordinatensystem passt zu Noahs Radtour? Kreuze an.

A
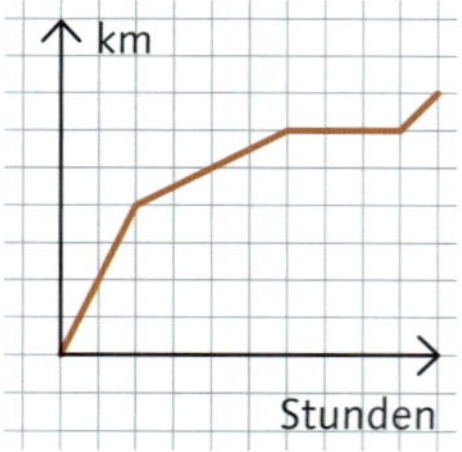

____

B
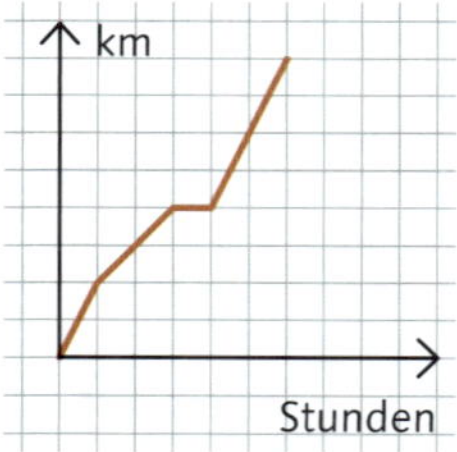

____

C
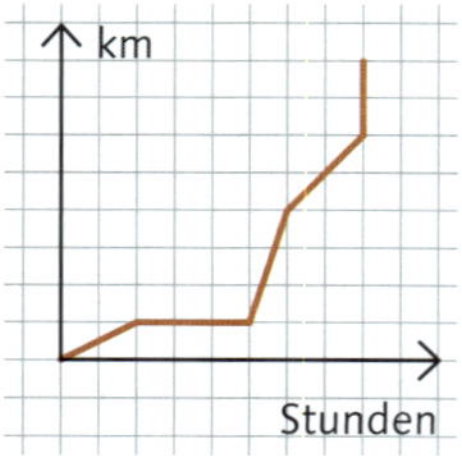

____

Zu Noahs Fahrradtour passt die Abbildung ____, weil ______________________________

____

3 Ergänze die Aussagen.

a) Jedem Schloss kann ein ______________________________ zugeordnet werden.

b) Jedem Baum kann ein ______________________________ zugeordnet werden.

c) Jedem Staat kann eine ______________________________ zugeordnet werden.

d) Jedem ______________________________ kann eine Schuhgröße zugeordnet werden.

▸ Seiten 28/29

Zuordnungen darstellen

1 Greta hat eine Grippe und misst ihre Körpertemperatur.
Trage die Daten im Koordinatensystem ein.

Uhrzeit	Temperatur in °C
8:00	37,9
10:00	38,1
12:00	38,1
14:00	38,6
16:00	38,4
18:00	39,0
20:00	39,2
22:00	38,9

2 Lies die Temperaturen eines Sommer- und eines Wintertages aus dem Koordinatensystem ab.
Trage die Temperaturen in die Tabellen ein.

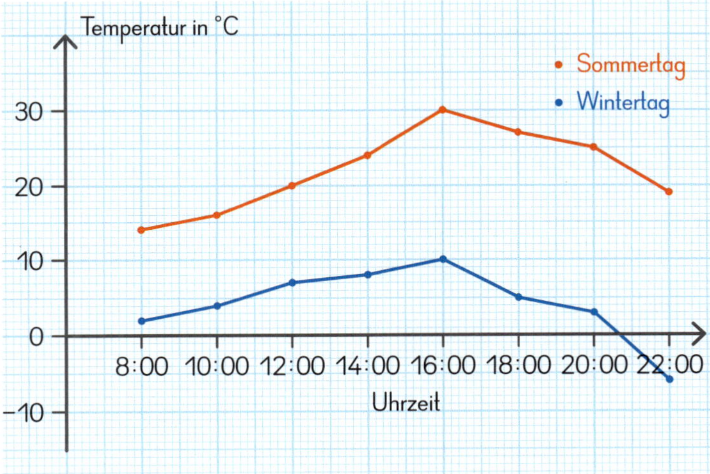

Sommertag

Uhrzeit	Temperatur in °C
8:00	

Wintertag

Uhrzeit	Temperatur in °C

3 Nach wie vielen Minuten sind beide Handy-Tarife gleich teuer? Löse die Aufgabe im Koordinatensystem.

Tipp: Rechne jeweils in 5-€-Schritten.

Prepaidkarte von Ina	**Handyvertrag von Ole**
0,05 € pro Minute	200 Freiminuten für 10 € pro Monat. Jede weitere Minute 0,25 €.

Antwort: Nach ________ Minuten

____

____

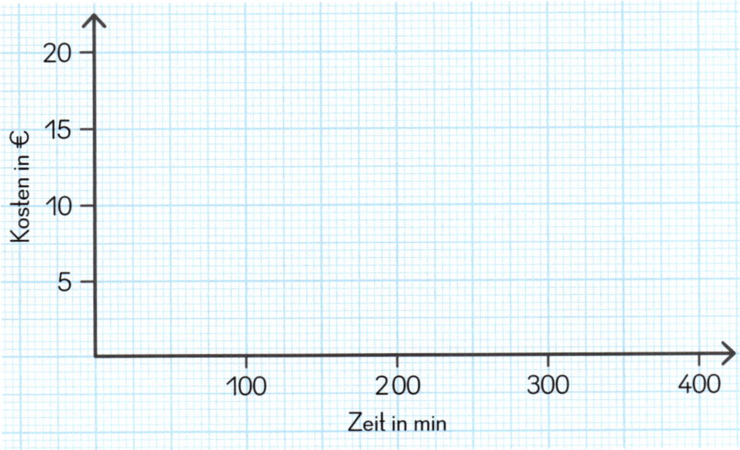

▸ Seiten 30/31

Dreisatz bei proportionalen Zuordnungen

1 Welches Angebot ist jeweils das günstigere?

a)

Anzahl	Preis in €

b)

Anzahl	Preis in €

c)

Anzahl	Preis in €

2 Welches Angebot ist jeweils das günstigere? Finde eine sinnvolle Gramm-Einteilung.

a)

Menge in 100 g	Preis in €

b)

Menge in ___ g	Preis in €

c)

Menge in ___ g	Preis in €

3 Familie Kunze wohnt in einer 96 m^2 großen Wohnung und bezahlt 912 € Miete. Familie Hinz bewohnt im selben Haus eine Wohnung mit 67 m^2.

Frage: ____________________

Rechnung:

Antwort: ____________________

4 Zu einer Party kommen 20 Personen. Das Rezept reicht für 10 Cocktails. Für wie viele Cocktails reicht das Rezept, wenn 35 Personen kommen?

Antwort: ____________________

Rezept für Cocktail Hawaii
400 ml Kokosmilch
1 l Orangensaft
200 ml Orangen-Bitter
200 ml Zitronensaft

▸ Seite 34

Dreisatz bei antiproportionalen Zuordnungen

1 Ein Rohbau kann von 6 Arbeitern in 24 Tagen fertiggestellt werden. Wie lange dauert es, wenn 8 Arbeiter beschäftigt werden?

Anzahl Arbeiter	Anzahl Tage
6	24
1	

Antwort: ___

2 Ein Ölvorrat reicht für 4 Ölöfen 90 Tage. Jeder Ofen verbraucht gleich viel. Wie lange reicht der Vorrat, wenn man 3 Öfen heizen lässt?

Antwort: ___

3 Auf eine Fähre passen hintereinander 12 Pkw mit jeweils einer Länge von 4,80 m. Wie viele Kombis von 6 m Länge passen hintereinander?

Antwort: ___

4 Noahs Taschengeld reicht ihm 12 Tage, wenn er jeden Tag 2,50 € ausgibt. Wie lange reicht ihm sein Geld, wenn er täglich 3 € ausgibt?

Antwort: ___

5 Wenn eine Spende an 6 Einrichtungen verteilt wird, erhält jede 12 000 €. Ergänze die Tabelle.

Anzahl der Einrichtungen	6	1	3	4	5	8	9
Spendenbetrag in €	12 000						

6 Ein Winzer füllt aus einem Fass 1 500 Flaschen zu je einem $\frac{3}{4}$ Liter ab. Wie viele 1,25-l-Flaschen könnte er aus dem gleichen Fass abfüllen?

Antwort: ___

___

7 Ben hat zwei Meerschweinchen. Das Futter reicht für 25 Tage. Am 10. Tag nimmt er noch Miras Meerschweinchen in Pflege.

Frage: ___

Antwort: ___

▸ Seiten 35/36

Größen umwandeln

1 Wandle die folgenden Größen in die vorgegebene Einheit um.

a)	0,8 t	670 g	12 500 g	5 kg 12 g
in kg:	______	______	______	______
b)	1,12 m	5 dm	180 mm	33 cm 3 mm
in cm:	______	______	______	______
c)	800 ml	13 ml	15,5 hl	12 l 30 ml
in l:	______	______	______	______
d)	3 600 s	2,5 Tage	3 Wochen	270 min
in h:	______	______	______	______

2 Welche Größen passen zu dem abgebildeten Beispiel? Kreuze an.

a) Höhe: ◯ 2,4 dm ◯ 24 cm ◯ 24 mm

b) Inhalt: ◯ 150 ml ◯ 1 500 ml ◯ 15 000 ml

c) Gewicht: ◯ 0,150 kg ◯ 0,0015 t ◯ 1 500 g

3 Welche Größenangaben passen zusammen? Male in der gleichen Farbe an.

a)	123,4 mm	123,4 cm	12,34 dm	12,34 cm
b)	0,234 kg	234 g	2 340 g	2,340 kg
c)	5 670 ml	0,567 l	567 ml	5,67 l
d)	2,68 km	268 m	2 680 m	2 680 dm

4 Hier wurden beim Umwandeln in die größere Einheit Fehler gemacht.

a) Finde die Fehler und rechne richtig.

b) Gib eine Empfehlung, was der Schüler oder die Schülerin noch üben sollte.

12	cm	=	120 dm
123	ml	=	0,123 l
11,5	mm	=	115 cm
1200	g	=	1200 kg
6,7	cm	=	0,67 dm
111	dm	=	1,1 m
1200	m	=	1,2 km

Empfehlung zum Üben: ______________________________

____

▸ Seiten 38/39

Zeitspannen

1 Wie viele Tage sind es vom …

15. April bis zum 31. Juli?

1 5 + 3 1 + 3 0 +

Antwort: ______________________

13. März bis zum 24. Dezember?

Antwort: ______________________

10. Januar bis zum 21. April? (Kein Schaltjahr!)

Antwort: ______________________

27. Februar bis zum 04. November? (Schaltjahr!)

Antwort: ______________________

25. Juni bis zum 09. Oktober?

Antwort: ______________________

2 Im Oktober 2013 hat Oma Henze einen neuen Enkel bekommen. Zu seinem 18. Geburtstag möchte sie ihm 1 600 € für den Führerschein überreichen. Dafür will sie jeden Monat 10 € in ein Sparschwein stecken. Wann muss sie mit dem Sparen beginnen?

Antwort: ______________________

3 Das ist Gretas Stundenplan für Mittwoch. Eine Schulstunde dauert 45 Minuten, eine große Pause dauert 20 Minuten.

Stunde	Fach
1.	Mathematik
2.	Mathematik
große Pause	
3.	Englisch
4.	Politik
große Pause	
5.	Deutsch
6.	Deutsch
7.	Freizeitstunde
8.	Sport
9.	Sport

a) Wie viele Stunden hat Greta insgesamt Unterricht?

Antwort: ______________________

b) Wie viele Stunden hat Greta insgesamt Pause und Freizeit?

Antwort: ______________________

c) Greta fährt mit dem Fahrrad zur Schule und zurück. Für eine Strecke benötigt sie 12 Minuten. Wie lange ist sie insgesamt mittwochs von zu Hause weg?

Antwort: ______________________

▸ Seiten 38–40

Mit Größen rechnen

1 Wandle in die gleiche Einheit um und rechne im Kopf.

a) 3 kg + 300 g = ______
5 l − 250 ml = ______
2 m + 7 dm = ______
8 dm − 10 cm = ______

b) 3,5 t − 370 kg = ______
14 km − 2 300 m = ______
1,7 l + 370 ml = ______
12,8 kg − 1 500 g = ______

2 Rechne im Kopf.

a) 20 mm · 50 = ______
0,25 l · 8 = ______
55 ml · 10 = ______
6 kg : 12 = ______

b) ______ · 30 = 1 200 ml
______ : 6 = 60 dm
200 km · ______ = 3 200 km
2 400 l : ______ = 12 l

3 Oles Schulweg ist 3,2 km lang. Wie viele km legt Ole in einer Woche (in einem Monat/in einem Jahr mit etwa 200 Schultagen) zurück?

Antwort: ______

4 Juri hat sich verletzt und darf nicht mehr als 5 kg tragen. Hat sich Juri an den Rat des Arztes gehalten, wenn er die Waren in einem Einkaufskorb (0,45 kg) nach Hause trägt?

125 g Weintrauben, 0,25 kg Käse,
1,2 kg Brot, 1,5 l Saft (etwa 1,55 kg),
1 Flasche Wasser (720 g),
500 g Margarine und
450 g Nuss-Nougat-Creme

Antwort: ______

5 Da es Greta nicht gut geht, wird sie vom Arzt gebeten zu notieren, wie viel sie am Tag trinkt. Sie soll 2 l Flüssigkeit pro Tag trinken. Berechne, wie viel Flüssigkeit Greta über den Tag verteilt zu sich nimmt. Der Arzt vermutet, dass sie zu wenig trinkt. Hat er recht?

- zwei 0,2-l-Gläser Apfelsaftschorle
- 700 ml Wasser
- $\frac{1}{4}$ l Kräutertee

Antwort: ______

▸ Seiten 40/41

Brüche

1 Was gehört zusammen? Male in der gleichen Farbe an.

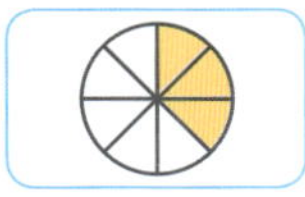 $\frac{1}{5}$ 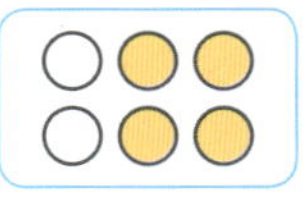 $\frac{5}{9}$ 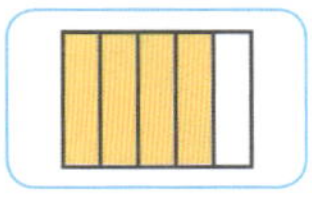 $\frac{3}{8}$ 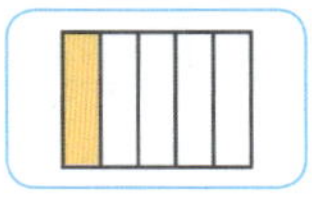 $\frac{4}{5}$  $\frac{4}{6}$

2 Male alle echten Brüche blau, alle unechten Brüche rot und alle gemischten Zahlen gelb an.

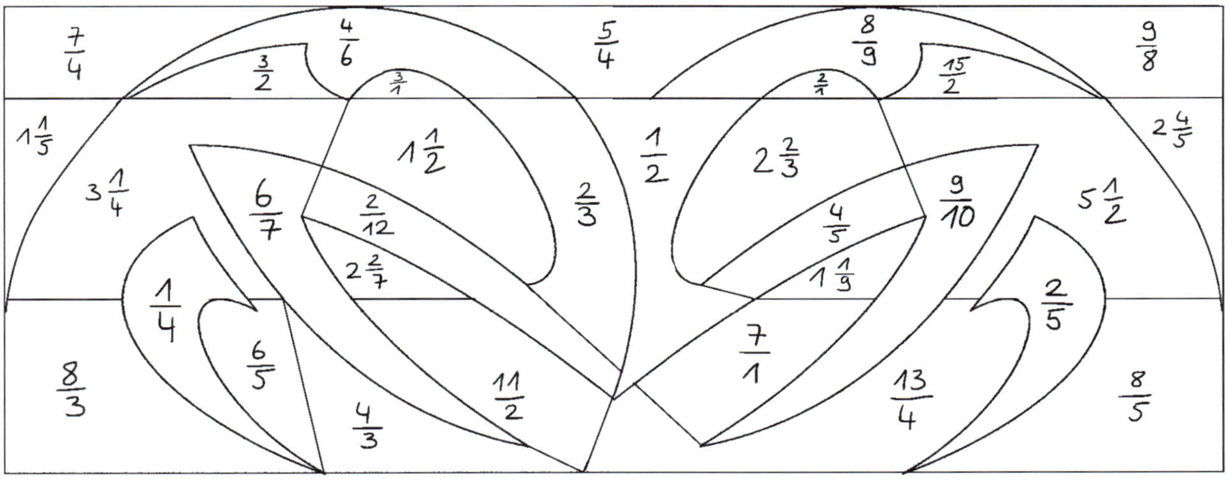

3 Vergleiche. >, < oder = ?

a) $\frac{6}{7}$ ◯ 1 b) $\frac{1}{8}$ ◯ $\frac{1}{6}$ c) $\frac{3}{7}$ ◯ $\frac{4}{7}$ d) $\frac{2}{4}$ ◯ $\frac{2}{8}$ e) $\frac{12}{5}$ ◯ $\frac{6}{10}$

4 Wandle in eine gemischte Zahl um.

a) $\frac{6}{5}$ = ______ b) $\frac{12}{7}$ = ______ c) $\frac{19}{6}$ = ______ d) $\frac{21}{4}$ = ______ e) $\frac{28}{8}$ = ______

5 Wandle in einen unechten Bruch um.

a) $2\frac{1}{2}$ = ______ b) $5\frac{4}{5}$ = ______ c) $1\frac{3}{6}$ = ______ d) $3\frac{2}{3}$ = ______ e) $3\frac{6}{7}$ = ______

6 Finde den passenden Bruch durch Kürzen. Kreise in der richtigen Farbe ein.

$\frac{1}{3}$	$\frac{4}{5}$	$\frac{6}{7}$

$\frac{5}{15}$ $\frac{42}{49}$ $\frac{3}{9}$ $\frac{16}{20}$ $\frac{12}{14}$

7 Finde den passenden Bruch durch Erweitern. Kreise in der richtigen Farbe ein.

$\frac{4}{8}$	$\frac{8}{12}$	$\frac{15}{25}$

$\frac{4}{6}$ $\frac{2}{4}$ $\frac{3}{5}$ $\frac{1}{2}$ $\frac{2}{3}$

8 Fünf Schülerinnen und Schüler aus der 9c spielen Handball. Das entspricht $\frac{1}{3}$ der Klasse.

Berechne, wie viele Schülerinnen und Schüler in der 9c sind.

Antwort: ____________________________________

____

____

____

▸ Seiten 48/49

Dezimalzahlen

1 Trage zuerst in die Stellenwerttafel ein. Schreibe dann als Dezimalzahl.

	T	H	Z	E	z	h	t	
a) 5E 4Z 1t								______
b) 2T 1Z 3h								______
c) 2H 1z 5t								______
d) 6Z 3H 4t 5h								______
e) 2z 2Z 5h 3T								______

2 Wie heißen die Zahlen auf dem Zahlenstrahl? Lies die markierten Zahlen ab und trage ein.

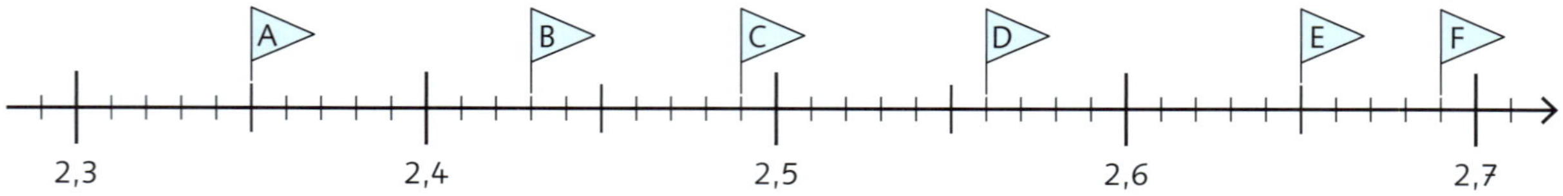

A = ______ B = ______ C = ______

D = ______ E = ______ F = ______

3 Runde auf ganze Zahlen. Kreise in der richtigen Farbe ein.

3 4 5

4,49 5,1 3,911 4,2 5,3 2,91 3,199 4,941

4 Vergleiche. >, < oder = ?

a) 5,2 ◯ 5,1 b) 4,12 ◯ 4,21 c) 7,119 ◯ 7,911 d) 9,050 ◯ 9,500

5 Multipliziere und setze das Komma an die richtige Stelle.

5,673 · 10 = ______

7,123 · 100 = ______

4,345 · 1 000 = ______

6 Dividiere und setze das Komma an die richtige Stelle.

391,12 : 10 = ______

471,3 : 100 = ______

929,673 : 1 000 = ______

7 Anna und Juri gehen ins Kino. Der Eintritt kostet 7,50 € pro Person. Sie kaufen sich zudem jeder eine Tüte Popcorn für 2,90 €. Sie haben zusammen 25 € dabei.

Berechne, wie viel Geld Anna und Juri nach dem Kinobesuch noch bleibt.

Antwort: ______

▸ Seiten 50/51

Brüche, Dezimalzahlen und Prozente

1 Male die Felder in den Farben der entsprechenden Brüche an.

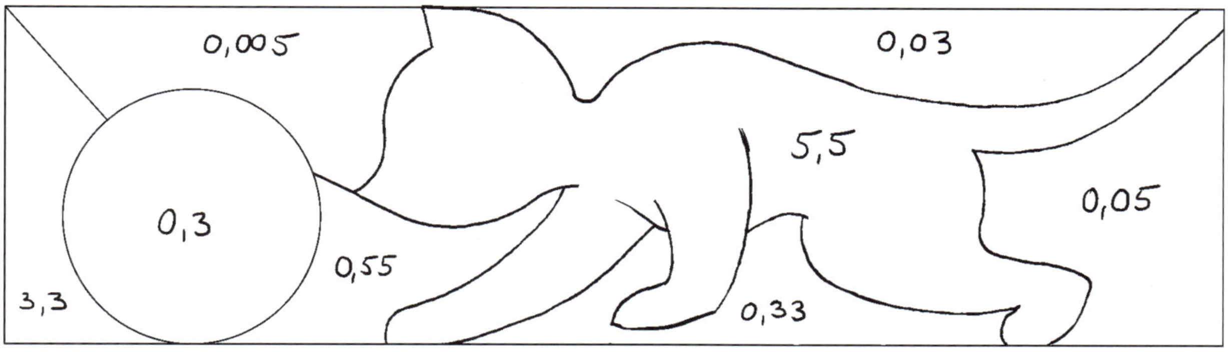

$\frac{3}{10}$	$\frac{3}{100}$	$\frac{33}{100}$	$\frac{33}{10}$	$\frac{5}{100}$	$\frac{55}{100}$	$\frac{5}{1000}$	$\frac{55}{10}$

2 Wie heißt das Ergebnis? Rechne im Kopf und schreibe auf.

a)

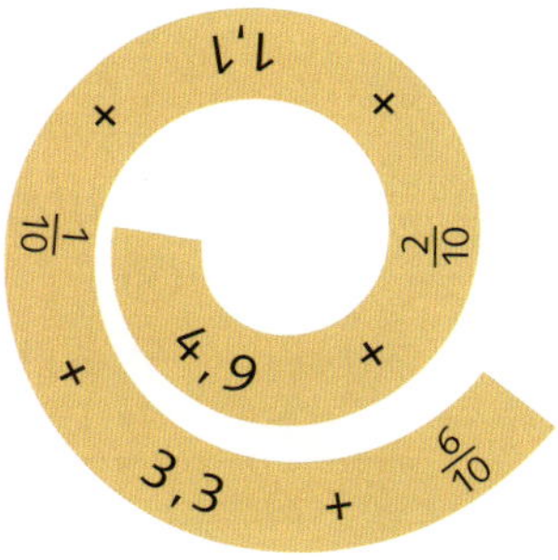

b)

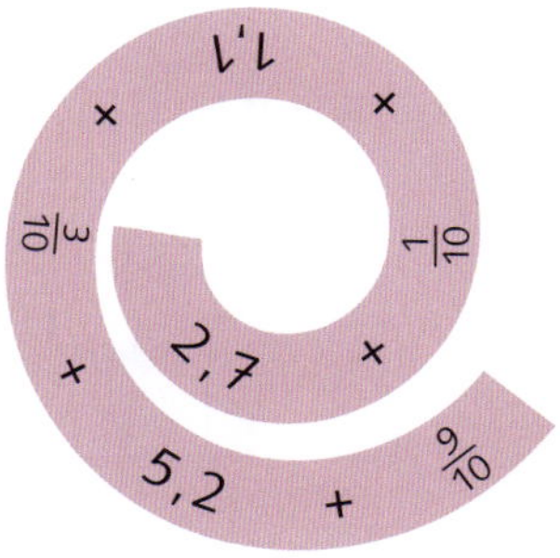

c)

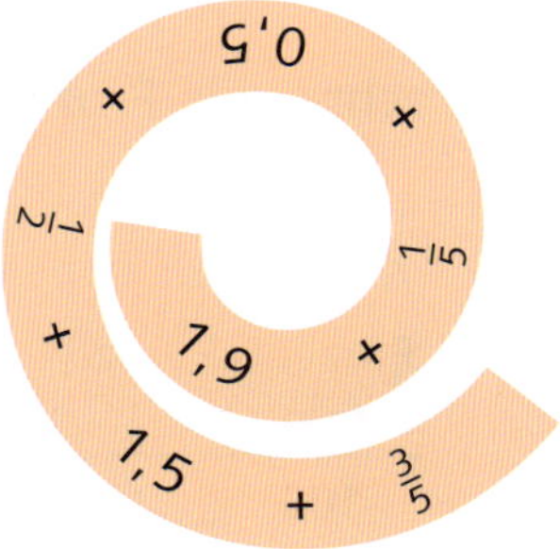

3 Stelle einen Anteil von 90 % als Skizze auf zwei verschiedene Arten dar.
Beschrifte jede Abbildung mit der Bruchzahl und der Prozentangabe.

1

2

4 Von 24 Schülerinnen und Schülern haben $\frac{1}{3}$ einen Praktikumsplatz im Ort gefunden.
Weitere zehn von ihnen müssen mit dem Bus zu ihrem Praktikumsplatz fahren.

Berechne, wie viel Prozent der Schülerinnen und Schüler noch keinen Praktikumsplatz gefunden haben.

Antwort: ______________________________

▸ Seiten 53–55

Berechnung des Prozentwertes W

1 Färbe die Zahl, die den Prozentwert angibt, blau ein.

a) 7 von 10 Jugendlichen haben schon einmal einen Spickzettel verwendet.
Das entspricht 70 %.

b) 40 % der 80 Schülerinnen und Schüler der Altstadtschule sind Mädchen.
Das entspricht 32 Mädchen.

c) 120 von 200 Schülerinnen und Schülern der Astrid-Lindgren-Schule sind in einem Verein aktiv. Das entspricht 60 %.

2 Ergänze den Satz und die Formel.

Den Prozentwert kannst du mit dem ____________________ in einer Tabelle oder mit der ____________________ berechnen.

Formel:
W = __________

3 Berechne den Prozentwert mit dem Dreisatz.

a) weibliche Konzertbesucher

Prozentsatz p %	Anzahl
100	2 000
1	$\frac{2000}{100}$
70	

b) Anteil Eiweiß

Prozentsatz p %	Menge in g
100	1 200
1	
12	

c) zurückgelegte Strecke

Prozentsatz p %	Strecke in km
100	800
40	

4 Berechne den Prozentwert mit der Formel.

Die 20 Schülerinnen und Schüler der 9. Klasse absolvieren ein Praktikum:

Bereich	Friseursalon	Malerbetrieb	Tierpflegeeinrichtung	Kfz-Werkstatt	Einzelhandel
Prozent	10 %	5 %	20 %	30 %	35 %

a) Berechne wie viele Schülerinnen und Schüler ein Praktikum im Bereich der Tierpflege machen.

geg.:

ges.:

Antwort: ____________________

____

____

b) Berechne wie viele Schülerinnen und Schüler ein Praktikum in einer Kfz-Werkstatt machen.

geg.:

ges.:

Antwort: ____________________

____

____

▸ Seiten 61/62

Berechnung des Prozentsatzes p%

1 Färbe die Zahl, die den Prozentsatz angibt, grün ein.

a) 3 von 4 Schülerinnen und Schülern mögen Schneeballschlachten.
Das entspricht 75 %.

b) 80 % der 20 Schülerinnen und Schüler der 9. Klasse haben eine Praktikumsstelle gefunden. Das entspricht 16 Schülerinnen und Schülern.

c) 1 100 von 2 200 Plätzen beim Popkonzert sind bereits ausverkauft.
Das entspricht 50 %.

2 Ergänze den Satz und die Formel.

Den Prozentsatz kannst du mit dem ______________________
in einer Tabelle oder mit der ______________________ berechnen.

Formel:
p = ____________

3 Berechne den Prozentsatz mit dem Dreisatz. Nutze den Taschenrechner.

a) verkaufte Karten

Anzahl	Prozentsatz p %
2 000	100
1	$\frac{100}{2000}$
70	

b) Anteil Fett

Menge in g	Prozentsatz p %
1 200	100
1	
12	

c) zurückgelegte Strecke

Strecke in km	Prozentsatz p %
800	100
620	

4 Berechne den Prozentsatz mit der Formel.

Eine Umfrage unter 1 200 weiblichen Jugendlichen über ihre beliebtesten Ausbildungsberufe ergab folgendes Ergebnis:

Ausbildungsberuf	Erzieherin	Arzthelferin	Bürokauffrau	Einzelhandelskauffrau	Friseurin
Anzahl	360	300	216	192	132

a) Berechne wie viel Prozent der Schülerinnen eine Ausbildung zur Erzieherin machen wollen.

geg.:
ges.:

Antwort: ______________________

b) Berechne wie viel Prozent der Schülerinnen eine Ausbildung zur Friseurin machen wollen.

geg.:
ges.:

Antwort: ______________________

▸ Seite 63

Berechnung des Grundwertes G

1 Färbe die Zahl, die den Grundwert angibt, rot ein.

a) 3 von 10 Schülerinnen und Schülern laufen 100 m in weniger als 13 Sekunden. Das entspricht 30 %.

b) 75 % der 120 Hauptschulabsolventen der Astrid-Lindgren-Schule haben einen Ausbildungsplatz gefunden. Das entspricht 90 Schülerinnen und Schülern.

c) 20 von 80 Gummibärchen in Inas Tüte sind rot. Das entspricht 25 %.

2 Ergänze den Satz und die Formel.

Den Grundwert kannst du mit dem ______________________

oder mit der ______________________ berechnen.

Formel:
G = ____________

3 Berechne den Grundwert mit dem Dreisatz. Nutze den Taschenrechner.

a) Gesamtgewicht

Prozentsatz p %	Gewicht in kg
12	84
1	$\frac{84}{12}$
100	

b) Originalpreis

Prozentsatz p %	Preis in €
80	72
1	
100	

c) Umfrage

Prozentsatz p %	Anzahl Personen
40	100
100	

4 Berechne den Grundwert mit der Formel.

Ein Baumarkt feiert sein 25-jähriges Betriebsjubiläum. Anlässlich dieses Festes sind alle Artikel an diesem Tag um 25 % reduziert.

Werkzeug	Hammer	Bohrmaschine	Schraubenzieher	Rasenmäher	Eimer
neuer Preis	12 €	42 €	3 €	168 €	18 €

a) Berechne den ursprünglichen Preis für die Bohrmaschine.

geg.:

ges.:

Antwort: ______________________

b) Berechne den ursprünglichen Preis für den Hammer.

geg.:

ges.:

Antwort: ______________________

► Seite 64

Vermehrter und verminderter Grundwert

1 Vermehrter oder verminderter Grundwert? Kreuze an.

		vermehrter Grundwert	verminderter Grundwert
a)	Kenan bekommt 5 % mehr Taschengeld.		
b)	Der Preis für Telefonate ins Ausland ist um 10 % gefallen.		
c)	Juri verdient in seinem Nebenjob 2,5 % mehr als im letzten Monat.		
d)	Der Preis für einen Liter Benzin ist um 7 % gestiegen.		

2 Berechne den Preis für den Pullover und für die Hose.

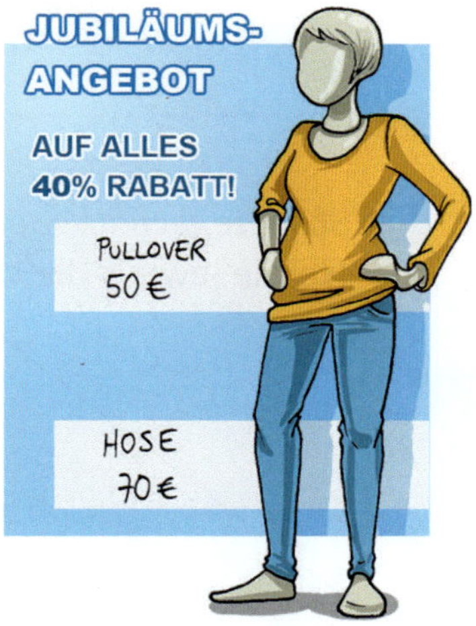

3 Ergänze die Tabelle. Nutze den Taschenrechner.

	Grundwert	Zunahme/Abnahme in %	vermehrter/verminderter Grundwert in %	neuer Grundwert
a)	100 €		80 %	
b)	50 €	+5 %		
c)	200 €		120 %	
d)	1 000 €	−25 %		
e)	2 130 €		112 %	
f)	720 €	−8 %		
g)	1 280 €		77 %	
h)	512 €	+19 %		

4 Der Eintrittspreis für eine Familienkarte in den Filmpark wurde um 10 % erhöht.
Der Eintritt kostet nun für Familien 35,20 €.
Wie viel kostete der Eintritt vorher?

Antwort: ________________________________

____

▸ Seiten 66/67

Winkel, Stufenwinkel und Wechselwinkel

1 Zeichne folgende Winkel und gib jeweils die Winkelart an.

a) $\alpha = 45°$ b) $\beta = 72°$ c) $\gamma = 155°$ d) $\delta = 250°$

2 Schätze jeweils zuerst die Größe der Winkel. Überprüfe die Werte anschließend durch Messen. Nenne jeweils die Winkelart.

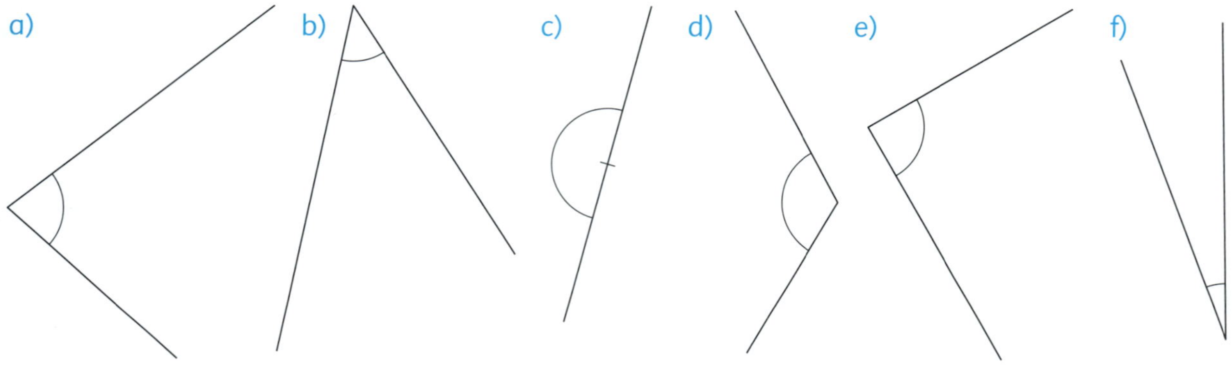

	a)	b)	c)	d)	e)	f)
geschätzt						
gemessen						
Winkelart						

3 a) Kennzeichne die Stufenwinkel in Rot und die Wechselwinkel in Blau.

b) Es ist bekannt, dass $\gamma = \beta_1 = 39°$ und $h_1 \parallel h_2$ ist. Ermittle die Winkel δ_1 und α.

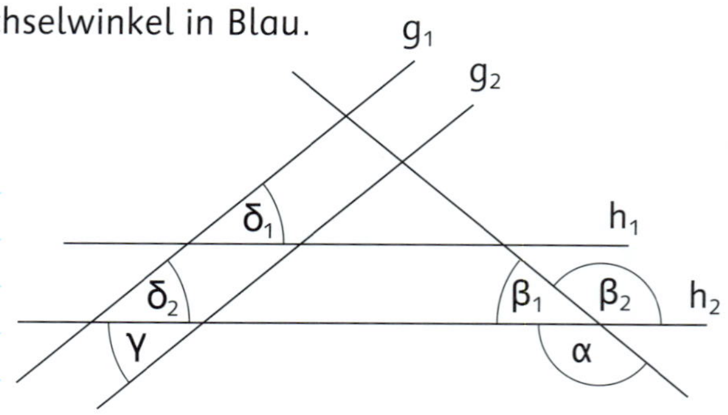

▸ Seite 69

Winkel in Dreiecken und Vierecken

1 Berechne jeweils die fehlende Winkelgröße der Dreiecke.

a)

α	β	γ
40°	70°	
	120°	20°
60°	60°	

b)

α	β	γ
71°		9°
53°	82°	
	15°	53°

2 Berechne jeweils die fehlenden Winkel der gleichschenkligen Dreiecke.

a)

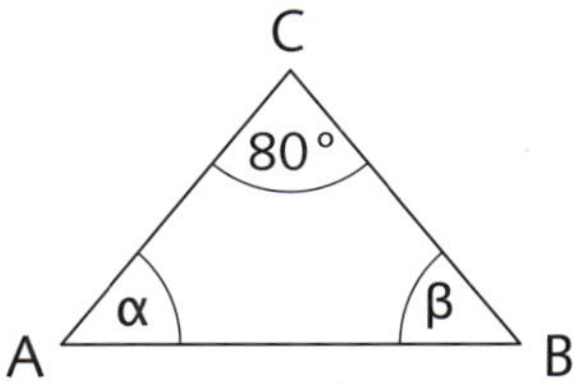

b)

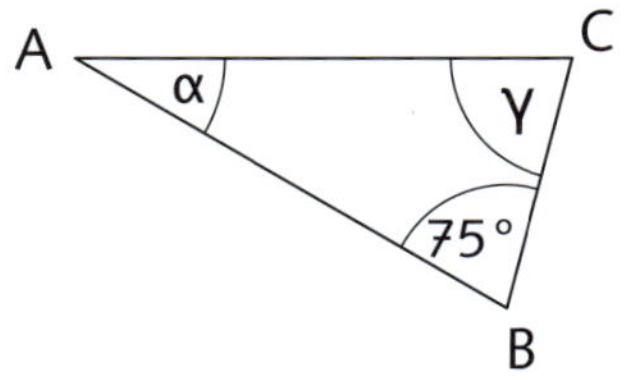

3 Trage die fehlenden Winkel der Vierecke in die Tabelle ein.

	α	β	γ	δ
a)	90°	90°		90°
b)	100°		100°	100°
c)	80°	80°	40°	
d)		100°	60°	80°

4 Zerlege die folgenden Figuren und bestimme die fehlenden Winkel. Was fällt dir auf?

a)

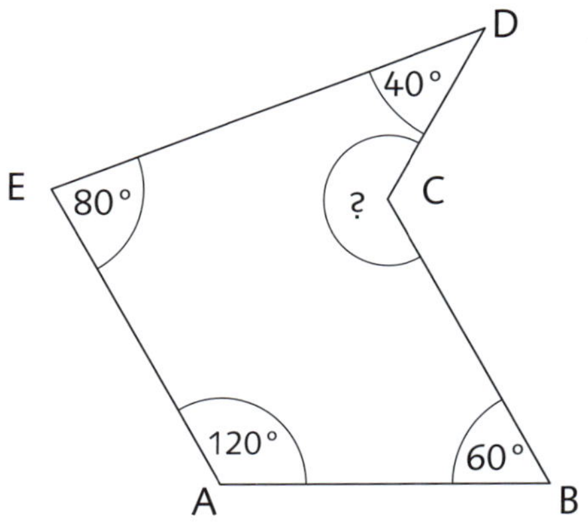

b)

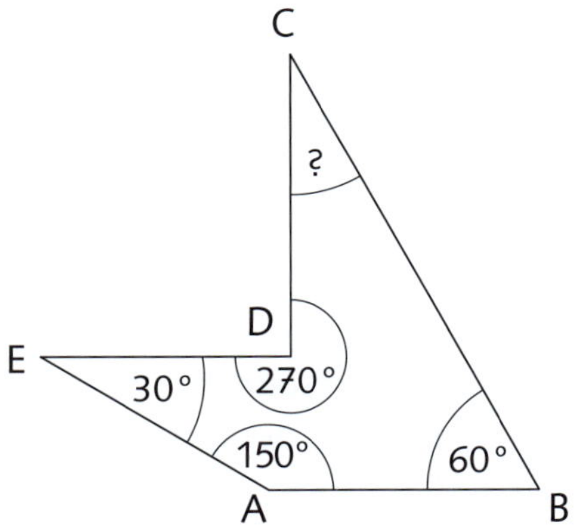

Mir fällt auf, ____

▸ Seiten 72/73

Dreiecke konstruieren

1 Konstruiere folgende Dreiecke. Fertige zuerst eine Planfigur an.

a) $a = 3\,cm$
$b = 4\,cm$
$c = 5\,cm$

Planfigur:

Konstruktion:

b) $b = 5\,cm$
$c = 6{,}5\,cm$
$\alpha = 75°$

Planfigur:

Konstruktion:

c) $c = 5{,}5\,cm$
$\alpha = 46°$
$\beta = 54°$

Planfigur:

Konstruktion:

2 Von einem Dreieck sind gegeben: $a = 7{,}5\,cm$, $c = 5{,}8\,cm$, $\beta = 65°$
Beschreibe die Konstruktion in einem Geometriediktat.

____

____

____

____

3 Von einem Aussichtspunkt A ist ein Ort B 50 km entfernt. In einem Winkel von 55° zur Strecke $\overline{AB}$ liegt der Ort C. Dieser Ort C ist 30 km vom Aussichtspunkt entfernt.
Wie weit sind die Orte B und C voneinander entfernt?
Konstruiere dazu ein Dreieck im Maßstab 1 : 1 000 000.

Gegeben: ______________________________

____

Die beiden Orte B und C sind in der Zeichnung ____ cm voneinander entfernt, das sind in Wirklichkeit ________.

▸ Seite 77

Parallelogramme konstruieren

1 Konstruiere folgende Parallelogramme. Fertige zuerst eine Planfigur an.

a) $a = 4{,}5\,\text{cm}$
$b = 3{,}5\,\text{cm}$
$\beta = 60°$

Planfigur:

Konstruktion:

b) $a = 6{,}3\,\text{cm}$
$d = 3{,}8\,\text{cm}$
$\alpha = 100°$

Planfigur:

Konstruktion:

c) $b = 4{,}5\,\text{cm}$
$c = 2{,}5\,\text{cm}$
$\gamma = 54°$

Planfigur:

Konstruktion:

2 Von einem Parallelogramm sind gegeben: $a = 7{,}5\,\text{cm}$, $b = 5{,}8\,\text{cm}$, $\beta = 65°$
Fertige ein Geometriediktat an.

____

____

____

____

____

3 a) Miss alle Seiten und Winkel in diesem Parallelogramm.

b) Zeichne zu jeder Seite des Parallelogramms eine Parallele im Abstand von 1 cm. Die Parallelen sollen außerhalb des Parallelogramms liegen.

c) Was fällt dir auf?

____

____

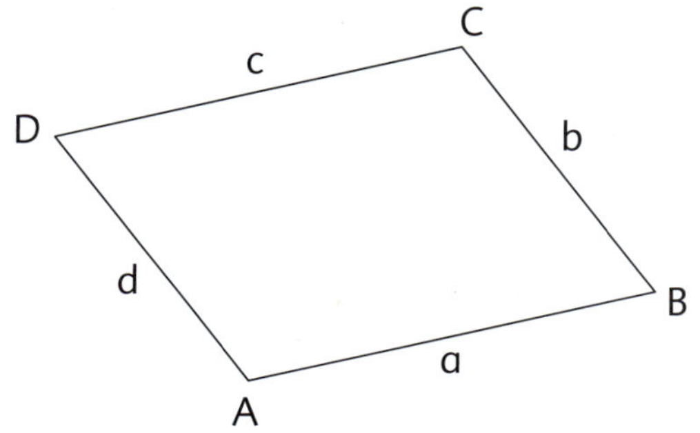

▸ Seite 78

Trapeze und Rauten konstruieren

1 Konstruiere folgende Trapeze. Fertige zuerst eine Planfigur an.

a) a = 6,5 cm
d = 2,5 cm
α = 50°
β = 75°

Planfigur:

Konstruktion:

b) a = 6,3 cm
b = 4,8 cm
α = 100°
β = 120°

Planfigur:

Konstruktion:

2 a) Welchen Querschnitt hat der Graben?

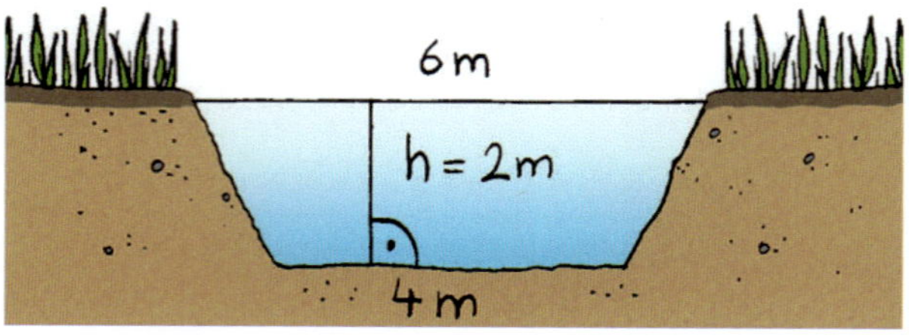

b) Fertige eine maßstabsgerechte Zeichnung an.

3 Konstruiere folgende Rauten. Fertige zuerst eine Planfigur an.

a) a = 3,5 cm
α = 105°
β = 75°

Planfigur:

Konstruktion:

b) a = 4,3 cm
α = 80°
β = 100°

Planfigur:

Konstruktion:

► Seiten 79/80

Punktsymmetrie/Spiegeln im Koordinatensystem

1 Spiegle die Figur am Symmetriepunkt Z.

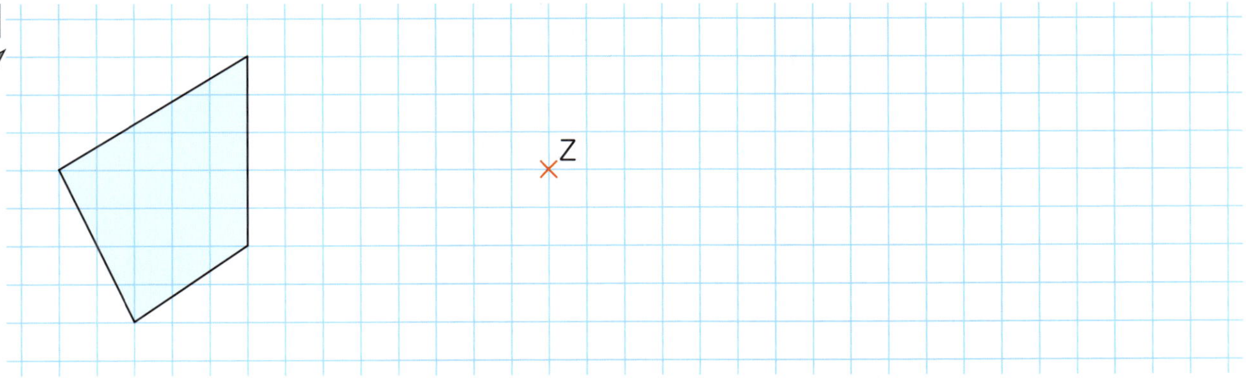

2 Zeichne die Koordinaten ein: A(1|1), B(5|1,5), C(6,5|4,5), D(3|3).
Verbinde die Punkte und spiegle die Figur an der Symmetrieachse.

Wie heißen die Koordinaten der Spiegelfigur? ____________________________________

3 Zeichne die Koordinaten ein: A(0,5|0,5), B(5|1), C(6|3,5), D(2|5). Verbinde die Punkte und spiegle die Figur am Symmetriepunkt Z.

Wie heißen die Koordinaten der Spiegelfigur? ____________________________________

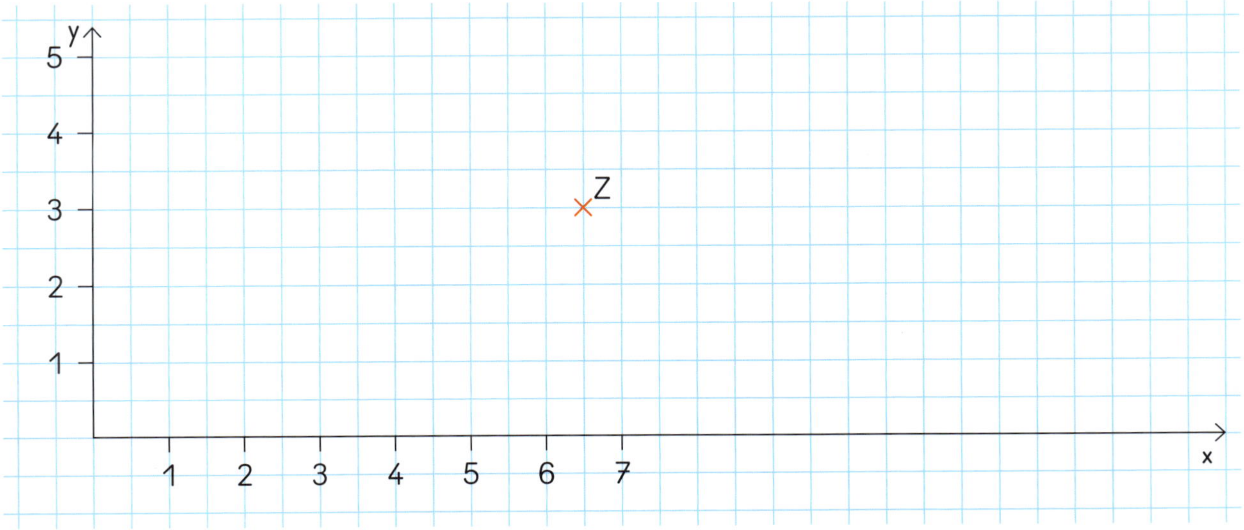

▸ Seiten 82/83

Brüche vergleichen und ordnen

1 a) Welcher Bruch ist größer, $\frac{2}{5}$ oder $\frac{3}{10}$? Stelle die Brüche dar.

$\frac{2}{5}$

$\frac{3}{10}$

Antwort: ____________________

____

____

b) Verändere die Einteilung eines Streifens so, dass du bereits an den Bruchzahlen erkennen kannst, ob der Bruch $\frac{2}{5}$ oder der Bruch $\frac{3}{10}$ größer ist. Notiere die Brüche.

c) Wie heißt der Begriff, der diese Form des Umwandelns von Brüchen beschreibt?

Antwort: ____________________

d) Forme in einer Rechnung so um, dass du die Brüche miteinander vergleichen kannst.

2 a) Stelle folgende Brüche dar: $\frac{1}{2}$, $\frac{8}{10}$, $\frac{3}{4}$, $\frac{3}{5}$. Ordne die Brüche der Größe nach.

Beginne mit dem kleinsten Bruch.
Lösung:

____

____

____

____

b) Erweitere die Brüche so, dass du sie miteinander vergleichen kannst.

3 Lisa und Lena teilen sich eine Pizza. Wie muss die Pizza geteilt werden, damit beide gleich viel bekommen? Welchen Anteil bekommt jeder? Zeichne ein.

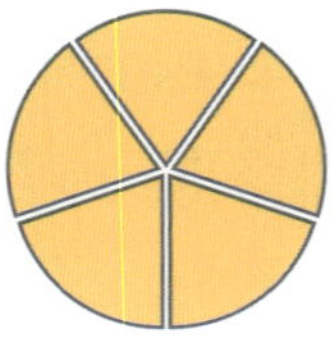

Antwort: ____________________

____

▸ Seite 86

Brüche addieren und subtrahieren

1 a) Trage die fehlenden Zahlen als Brüche auf der Zahlengeraden ein.

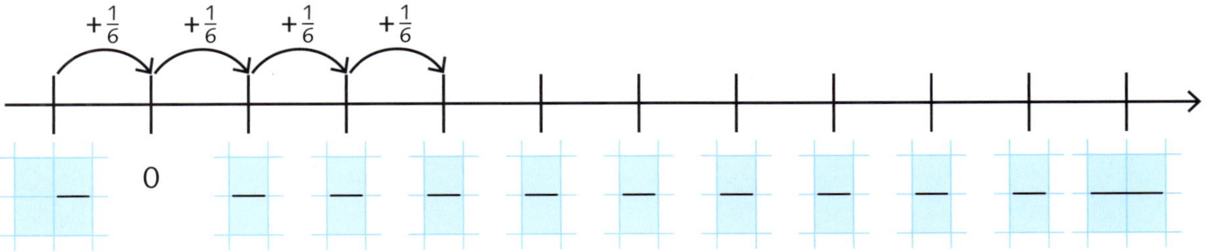

b) Umkreise die 1 auf der Zahlengeraden.

c) Ergänze den Satz.
Brüche mit gleichem Nenner werden addiert, indem ______

2 a) Trage die fehlenden Zahlen als Brüche auf der Zahlengeraden ein.

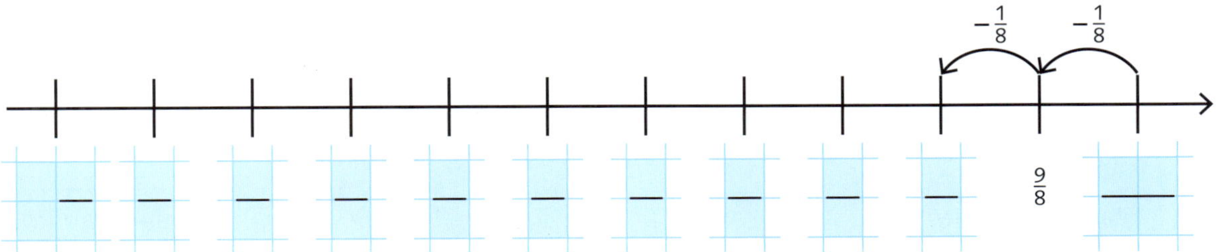

b) Umkreise die 1 auf der Zahlengeraden.

c) Ergänze den Satz.
Brüche mit gleichem Nenner werden subtrahiert, indem ______

3 Trage die fehlenden Zahlen in die Rechenmauern ein.

a)
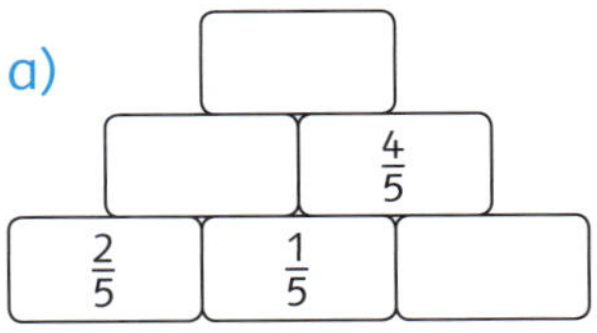

b)
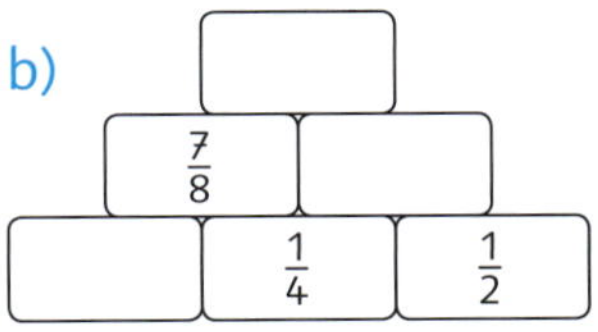

c)
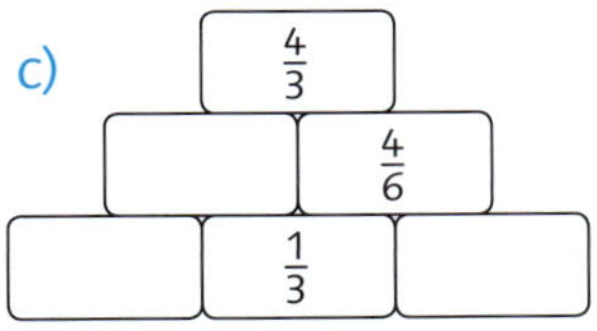

4 Wandle unechte Brüche in gemischte Zahlen und gemischte Zahlen in unechte Brüche um.

a) $\frac{4}{3} =$ ___ b) $1\frac{2}{5} =$ ___ c) $2\frac{1}{2} =$ ___ d) $\frac{7}{4} =$ ___ e) $4\frac{5}{8} =$ ___

5 Setze Zahlen so ein, dass die Rechnung stimmt.

a) $\frac{1}{4} + \frac{3}{\square} = 1$

b) $\frac{2}{3} - \frac{\square}{9} = \frac{2}{9}$

c) $\frac{3}{5} + \frac{\square}{10} = \frac{12}{10} = 1\frac{\square}{\square}$

▸ Seite 87

Brüche multiplizieren

1 Wie kann gekürzt werden? Kürze und trage ein.

a) $6 \cdot \frac{15}{18} = \frac{6 \cdot 15}{18} = 5$

b) $7 \cdot \frac{18}{63} = \frac{7 \cdot 18}{63} = 2$

c) $5 \cdot \frac{9}{15} = \_\_\_\_ = 3$

d) $4 \cdot \frac{13}{26} = \_\_\_\_ = 2$

2 Eine Überprüfung der Festplatte ergibt folgendes Bild:
Wie viel MB sind auf der Festplatte noch frei? Rechne.

$\frac{3}{4}$ von 240 MB Speicher sind belegt.

Antwort: ____________________

3 Wie viel ist $\frac{1}{3}$ von $\frac{1}{9}$?

a) Markiere zuerst $\frac{1}{9}$ des gesamten Rechtecks blau.
Markiere danach ein $\frac{1}{3}$ des gesamten Rechtecks rot.

b) Welcher Anteil entspricht $\frac{1}{3}$ von $\frac{1}{9}$?

Antwort: ____________________

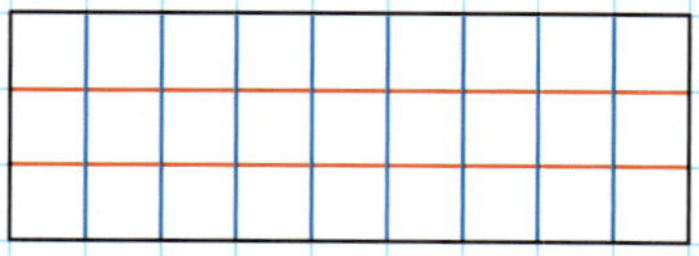

4 a) Prüfe deine Lösung aus Aufgabe **3** mit der passenden Rechnung.

b) Ergänze den Satz.
Brüche werden mit Brüchen multipliziert, ____________________

5 Wie ist hier gerechnet worden? Kürze und trage ein.

a) $\frac{3}{5} \cdot \frac{10}{9} = \frac{3 \cdot 10}{5 \cdot 9} = \frac{2}{3}$

b) $\frac{2}{3} \cdot \frac{21}{14} = \_\_\_\_ = 1$

6 Setze für x und y Zahlen so ein, dass die Rechnung stimmt.

a) $\frac{3}{4} \cdot \frac{x}{9} = \frac{2}{3}$ $x =$ ___

b) $\frac{y}{5} \cdot \frac{10}{24} = \frac{2}{3}$ $y =$ ___

▸ Seiten 88/89

Brüche dividieren

1 Bilde jeweils den Kehrwert.

$\frac{3}{4} \rightarrow \frac{}{}$ $\quad \frac{5}{3} \quad \frac{4}{3} \quad \frac{12}{15} \quad \frac{5}{}$

2 Berechne.

a) $3 : \frac{1}{2} = \frac{3}{1} : \frac{1}{2} = \frac{3 \cdot 2}{1 \cdot 1} =$

b) $5 : \frac{1}{3} =$

c) $7 : \frac{2}{3} =$

d) $4 : \frac{3}{4} =$

3 Berechne. Kürze vor dem Multiplizieren soweit wie möglich.

a) $6 : \frac{3}{2} = \frac{6}{1} : \frac{}{} = \frac{\cdot}{\cdot} = \frac{}{}$

b) $8 : \frac{2}{3} =$

c) $4 : \frac{4}{3} = \frac{}{} : \frac{}{} = \frac{\cdot}{\cdot} = \frac{}{}$

d) $9 : \frac{6}{8} =$

4 $\frac{3}{4}$kg Mehl soll in drei gleich schwere Portionen geteilt werden.
Wie viel wiegt eine Portion?

Antwort: ______________________________

____

____

5 Berechne.

a) $\frac{2}{5} : \frac{3}{4} = \frac{2}{5} \cdot \frac{4}{3} = \frac{2 \cdot}{5 \cdot} = \frac{}{}$

b) $\frac{3}{8} : \frac{4}{9} =$

6 Berechne. Kürze vor dem Multiplizieren soweit wie möglich.

a) $\frac{2}{5} : \frac{8}{6} =$

b) $\frac{2}{7} : \frac{24}{21} =$

▸ Seiten 90/91

Im Kopf und schriftlich mit Dezimalzahlen rechnen

1 Rechne im Kopf.

a)
3,9 + 4,2 =
5,3 + 2,8 =
8,9 − 6,6 =

b)
9,3 · 3 =
12,2 · 4 =
10,6 · 5 =

c)
1,2 : 6 =
36,9 : 9 =
75,5 : 5 =

2 Schreibe stellengerecht untereinander und rechne schriftlich.

a) 6573,3 + 874,52 b) 243,83 + 0,068 c) 52,83 − 19,38 d) 9,825 − 3,62

3 Multipliziere schriftlich. Kontrolliere mit dem Überschlag.

a) 6,42 · 5 b) 52,071 · 30 c) 0,0856 · 91 d) 57,43 · 6,4

4 Rechne im Kopf und ergänze die Tabellen.

a)

·	10	100	1000
6,45			
0,75			
52,138			

b)

:	10	100	1000
36,10			
6,75			
0,49			

5 Rechne schriftlich. Kontrolliere mit dem Überschlag.

a) 1525,14 : 6 =

b) 1304,4 : 40 =

▶ Seite 94

Mit dem Taschenrechner rechnen

1 Aufgaben mit Brüchen und Dezimalzahlen kann man mit dem Taschenrechner oft schneller lösen. Löse die Aufgaben mit dem Taschenrechner.

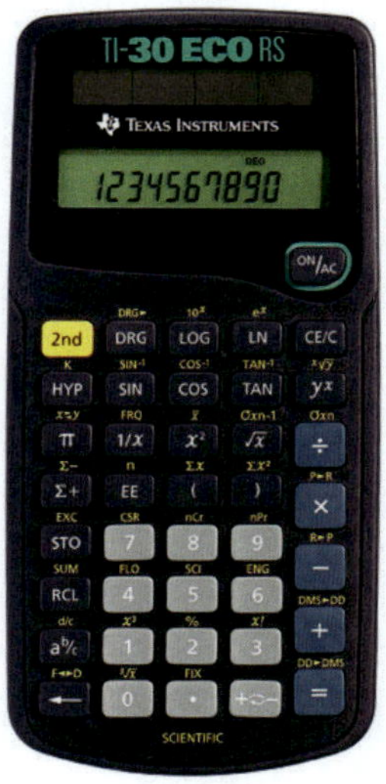

a) Berechnung von Aufgaben mit Dezimalzahlen:

$4{,}25 \cdot 3{,}49 =$ ______ 4,25 [×] 3,49 [=]

b) Umwandlung von Brüchen in Dezimalzahlen und umgekehrt:

$\frac{3}{4} =$ ______ 3 [a b/c] 4 [2nd] [←]

$0{,}5 =$ ______ 0,5 [2nd] [←]

c) Berechnung von Aufgaben mit Brüchen:

$\frac{2}{5} + 4\frac{1}{3} =$ ______ 2 [a b/c] 5 [+] 4 [a b/c] 1 [a b/c] 3 [=]

Berechnung von Aufgaben mit Brüchen und Dezimalzahlen:

$4\frac{5}{6} - 2{,}39 =$ ______ 4 [a b/c] 5 [a b/c] 6 [−] 2,39 [=]

2 Rechne mit dem Taschenrechner.

a) $3 \cdot 8 + 36 : 4 =$ ______
$27 - 6 : 2 + 48 =$ ______
$85 \cdot 43 - 56 + 2 \cdot 6 =$ ______
$81 : 18 + 24 - 8 : 4 =$ ______

b) $13{,}65 \cdot 7{,}1 - 5{,}79 =$ ______
$16{,}56 : 1{,}44 + 5 \cdot 12 =$ ______
$3{,}58 \cdot 0{,}76 - 4{,}8 : 6 =$ ______
$48{,}6 \cdot 5{,}4 + 2{,}34 \cdot 0{,}5 =$ ______

Lösungen: 1,9208 | 26,5 | 33 | 36,11 | 71,5 | 72 | 91,125 | 263,61 | 3611

3 Löse die Aufgaben mit dem Taschenrechner.

a) $(18 - 7) \cdot 4 =$ ______
$(95 : 5 + 3) : 25 =$ ______
$125 : (73 - 48) =$ ______
$12{,}8 \cdot (6{,}7 + 2{,}9) =$ ______

b) $(78 - 25) - (12 + 2) =$ ______
$73 - (29 - 18) + (37 - 23) =$ ______
$76 + (24 - 19) - 47 =$ ______
$(7{,}5 + 3{,}3) \cdot (2{,}7 - 1{,}8) =$ ______

Lösungen: 0,88 | 5 | 9,72 | 34 | 39 | 44 | 66,7 | 76 | 122,88

4 Rechne die Brüche mit dem Taschenrechner in eine Dezimalzahl um.

a) $\frac{5}{8} =$ ______
$\frac{12}{8} =$ ______
$\frac{18}{5} =$ ______

b) $\frac{23}{46} =$ ______
$\frac{78}{24} =$ ______
$\frac{324}{16} =$ ______

c) $2\frac{5}{8} =$ ______
$5\frac{3}{4} =$ ______
$4\frac{3}{10} =$ ______

d) $25\frac{7}{100} =$ ______
$23\frac{23}{25} =$ ______
$1\frac{31}{40} =$ ______

5 Rechne die Bruchaufgaben mit dem Taschenrechner.

a) $\frac{2}{3} + \frac{3}{4} =$ ______
$\frac{5}{6} - \frac{1}{5} =$ ______
$\frac{11}{12} + \frac{2}{3} =$ ______

b) $1\frac{1}{2} + \frac{4}{7} =$ ______
$2\frac{5}{7} - \frac{2}{9} =$ ______
$4\frac{3}{5} - 2\frac{1}{10} =$ ______

c) $\frac{3}{7} \cdot \frac{5}{8} =$ ______
$\frac{4}{5} \cdot \frac{7}{11} =$ ______
$2\frac{1}{2} \cdot \frac{3}{9} =$ ______

d) $\frac{2}{3} : \frac{3}{2} =$ ______
$\frac{6}{14} : \frac{4}{7} =$ ______
$3\frac{7}{8} : 2 =$ ______

Lösungen: $\frac{15}{56}$ | $\frac{4}{9}$ | $\frac{28}{55}$ | $\frac{19}{30}$ | $\frac{3}{4}$ | $\frac{5}{6}$ | $\frac{17}{20}$ | $1\frac{5}{12}$ | $1\frac{7}{12}$ | $1\frac{15}{16}$ | $2\frac{1}{14}$ | $2\frac{31}{63}$ | $2\frac{1}{2}$

▸ Seite 95

Daten und Diagramme auswerten

1 Bei einer Umfrage wurden neun Schülerinnen und Schüler gefragt, wie viele Spiele sie auf ihrem Smartphone installiert haben.

Anzahl Spiele	1	2	3	3	5	7	7	8	9

Kontrolliere zuerst Juris Auswertung der Umfrage. Korrigiere sie anschließend.

Minimum: 1 __ (richtig: ✓/falsch: f)

Maximum: 9 __

Spannweite: 9 __

Durchschnitt: 4,5 __

Zentralwert: 5 __

2 Es wurden zehn Schülerinnen und Schüler befragt, wie viele SMS sie in den letzten sieben Tagen verschickt haben.

Anzahl SMS	4	7	8	8	9	9	11	24	32	38

a) Ermittle das Minimum, das Maximum und den Zentralwert. Berechne die Spannweite und den Durchschnitt.

Minimum: ______ Maximum: ______ Spannweite: ______

Zentralwert: ______

Durchschnitt: ______

b) Welchen Wert hältst du für aussagekräftiger, den Durchschnitt oder den Zentralwert? Begründe.

______

______

c) Die rot hervorgehobenen Zahlen entsprechen den Angaben der Schülerinnen und Schüler, die eine SMS-Flatrate haben. Bestimme nun erneut den Durchschnitt und den Zentralwert, einmal für die ersten sieben Angaben (ohne Flatrate) und einmal für die letzten drei Angaben (mit Flatrate).

ohne Flatrate:

Durchschnitt: ______

Zentralwert: ______

mit Flatrate:

Durchschnitt: ______

Zentralwert: ______

Was fällt dir auf? Beschreibe.

______

______

3 Nenne fünf unterschiedliche Zahlen, die im Durchschnitt 24 ergeben.

▸ Seiten 98/99

4 In der Klasse 9a geben 6 von 24 Jugendlichen an, dass sie in ihrer Freizeit am liebsten Computerspiele spielen. In der Klasse 9b hingegen sind 4 von 20 Jugendlichen „Gamer“. Bestimme jeweils die absoluten und die relativen Häufigkeiten und vergleiche die Ergebnisse der beiden Klassen miteinander. In welcher Klasse gibt es mehr „Gamer“?

Klasse	9a	9b
Gesamtzahl der Jugendlichen		
Anzahl der „Gamer“		
relative Häufigkeit		

Antwort: ______________________________

____

____

5 Während seines Praktikums in der Bäckerei wollte Noah herausfinden, welches Heißgetränk seine Kunden am liebsten mögen.

Heißgetränk	Strichliste	absolute Häufigkeit	relative Häufigkeit
Kaffee	𝍸 𝍸 𝍸 𝍸 𝍸 𝍸 ||		
Cappuccino	𝍸 |||		
Latte Macchiato	𝍸 𝍸 𝍸 |		
Tee	𝍸 𝍸 ||||		
Heiße Schokolade	𝍸 𝍸		
	Gesamtzahl:	80	

a) Ermittle die absoluten Häufigkeiten und trage sie in die Tabelle ein.

b) Berechne aus den absoluten Häufigkeiten die relativen Häufigkeiten in Prozent. Tage die Werte in die Tabelle ein.

Kaffee: $\frac{32}{80} = 0,4 \qquad \frac{40}{100} =$

6 In einer Klasse mit 20 Schülerinnen und Schülern wurde gefragt, welcher Snack beim Fernsehen ihre erste Wahl wäre. Hierbei gaben 8 von 20 Schülerinnen und Schülern Kartoffelchips an. Wie viele Jugendliche wären das in einer Schule mit 180 Schülerinnen und Schülern, bei gleicher relativer Häufigkeit?

Antwort: ______________________________

____

____

▸ Seiten 98/99

Diagramme kritisch miteinander vergleichen

1 Ergänze.
Um mit Hilfe von Diagrammen und Schaubildern die Meinung eines Betrachters in eine gewünschte Richtung zu lenken, kann man …

a) eine geringe Veränderung überdeutlich darstellen, indem man eine ______________ Achseneinteilung wählt und zusätzlich Achsenabschnitte ______________.

b) eine deutliche Veränderung abgeschwächt darstellen, indem man eine ______________ Achseneinteilung wählt und ein ______________ Achsenstück darstellt.

2 In einer Schule wählten 40 % der Jugendlichen als Lieblings-Castingshow „Nur dich!“.
Die Sendung „Stars von morgen“ erhielt 37 % der Stimmen.
Beschrifte die Achsen vollständig und erstelle jeweils ein zu den Überschriften passendes Säulendiagramm:

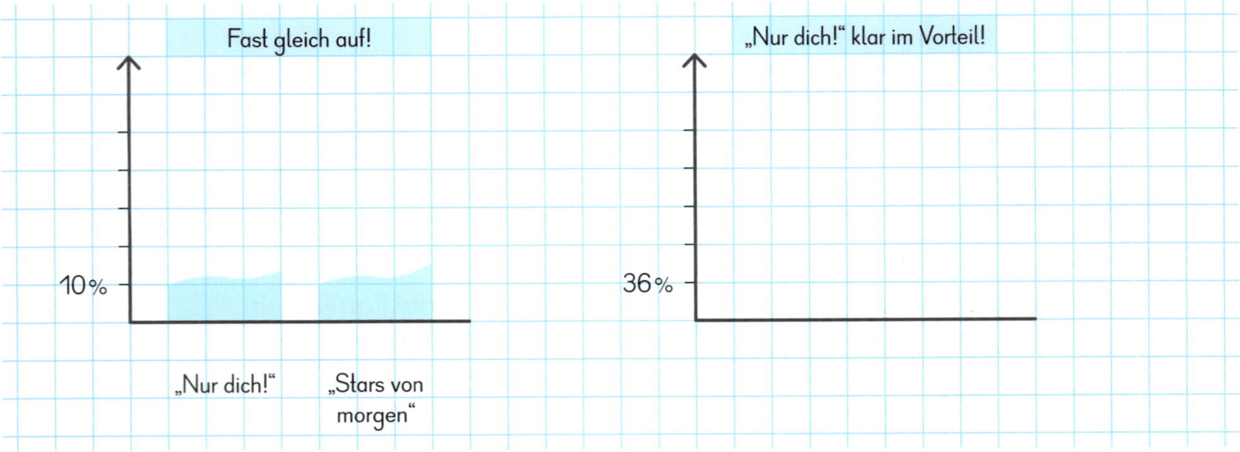

3 In einer Schule wurden die Schülerinnen und Schüler nach ihrem Lieblings-Fastfood-Restaurant in ihrer Stadt befragt. Dabei wurden folgende Ergebnisse ermittelt:

Bouletten-König: 36 Stimmen

Brutzelei: 32 Stimmen

a) Erstelle ein abgeschwächtes Säulendiagramm für die Presse und ein überdeutliches Säulendiagramm zur Eigenwerbung für den Bouletten-König. Vergiss die Überschriften nicht.

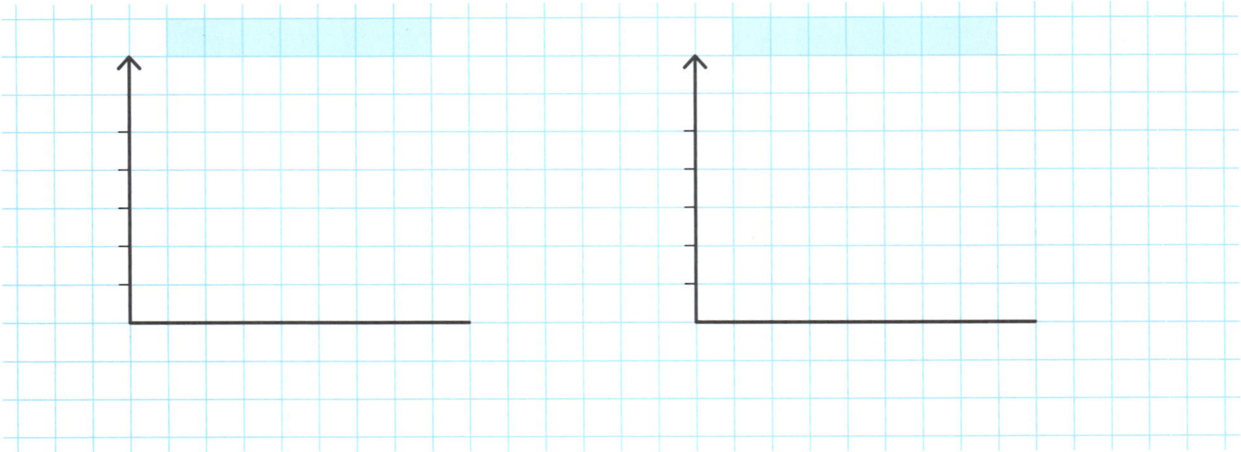

b) Warum soll für die Presse ein abgeschwächtes Diagramm erstellt werden? Begründe.

____

▸ Seiten 102/103

Das erweiterte Koordinatensystem

1 Zeichne ein erweitertes Koordinatensystem. Beschrifte die Achsen, den Nullpunkt und die vier Quadranten.

2 a) Vervollständige das Koordinatensystem und trage folgende Punkte ein:
A (2|4), B (−2|3), C (−1|−2), D (−6|2), E (−4|5), F (−3|−2), G (2|2), H (−6|4), I (−3|−2), J (0|5), K (1|0), L (−5|0)

b) Welche Figur kannst du erkennen?

____

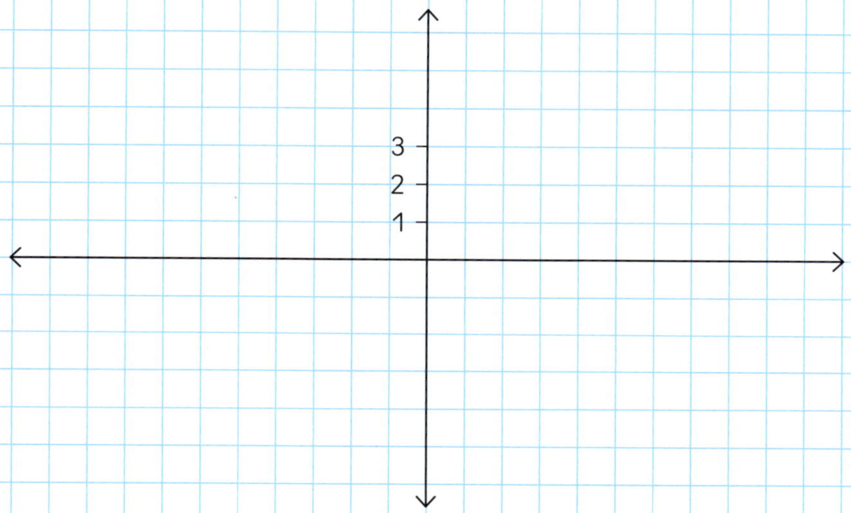

3 Bestimme die Koordinaten der Punkte A bis L. In welchen Quadranten liegen die Punkte?

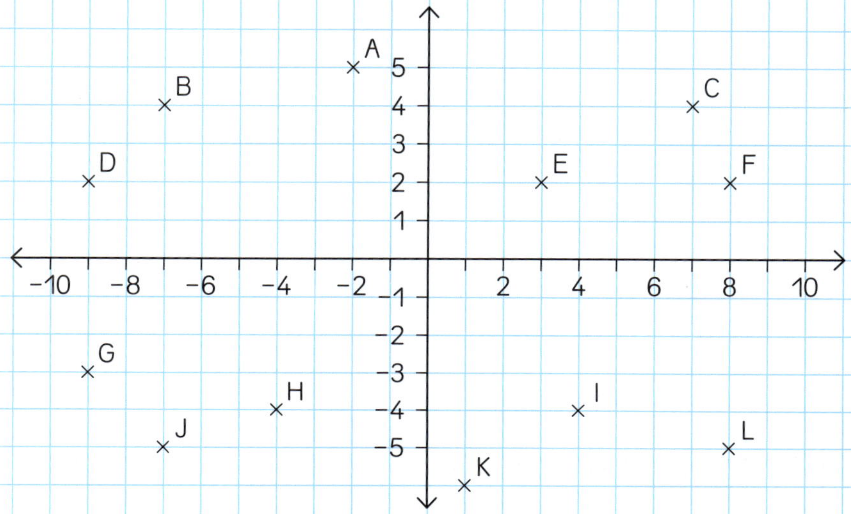

A (– 2 | 5) II. Quadrant
B ______________________
C ______________________
D ______________________
E ______________________
F ______________________
G ______________________
H ______________________
I ______________________
J ______________________
K ______________________
L ______________________

► Seite 107

Rechnen mit ganzen Zahlen

1 Vergleiche die Kontostände. Setze >, < oder = ein.

a) −420 € ◯ −280 €
−160 € ◯ −350 €
+710 € ◯ −840 €
−690 € ◯ −900 €

b) −160 € ◯ +90 €
−730 € ◯ −570 €
+110 € ◯ +200 €
−580 € ◯ −930 €

c) −381 € ◯ −526 €
−742 € ◯ −291 €
−807 € ◯ +466 €
+381 € ◯ −673 €

d) −912 € ◯ +506 €
+834 € ◯ +752 €
−476 € ◯ −387 €
+261 € ◯ +395 €

2 Zeichne zu jeder Buchung ein Pfeilbild und berechne den neuen Kontostand.

a) alter Kontostand: −20 €
Gutschrift: +30 €
neuer Kontostand: ______

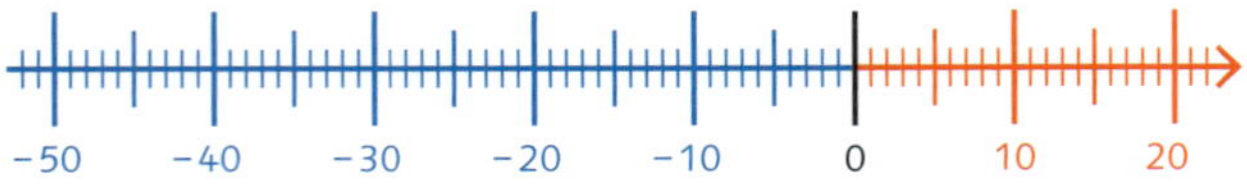

b) alter Kontostand: −30 €
Abbuchung: −40 €
neuer Kontostand: ______

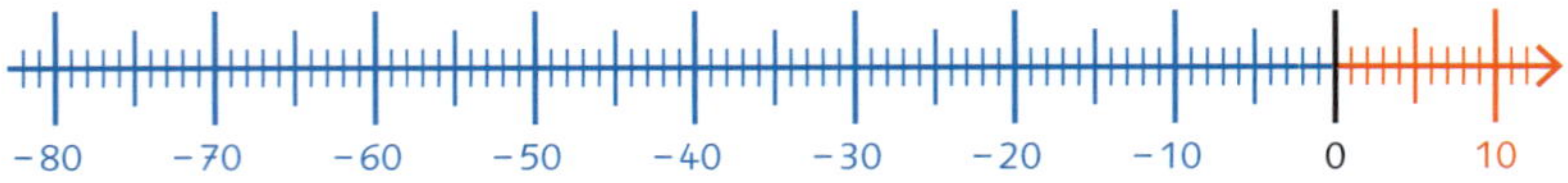

3 Zeichne zu jeder Aufgabe das Pfeilbild. Rechne aus.

a) −7 + 5 = ____

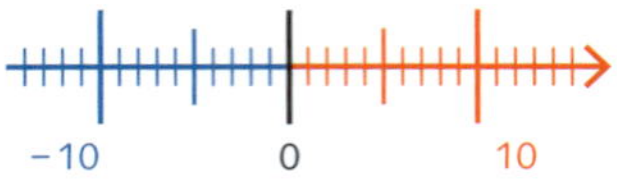

b) −2 − 6 = ____

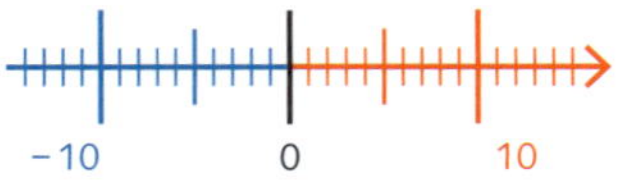

c) 1 − 9 = ____

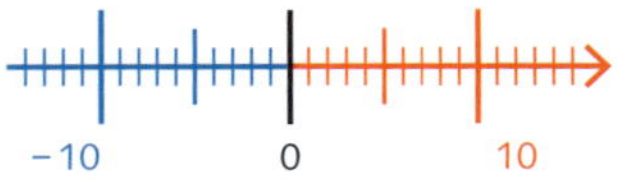

d) −15 + 8 = ____

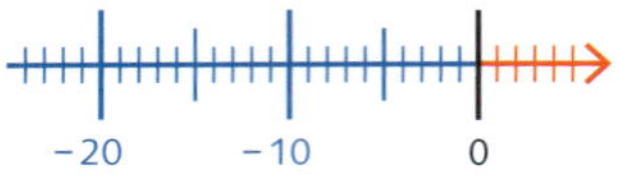

e) −3 − 10 = ____

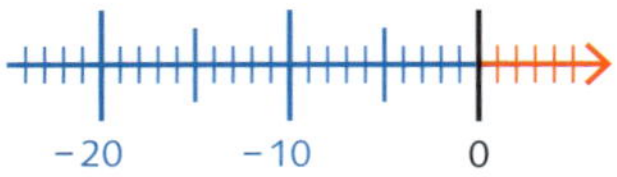

f) −19 + 14 = ____

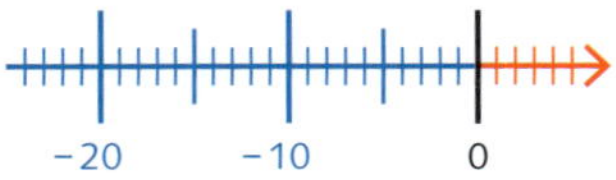

4 Überschlage zuerst und rechne danach halbschriftlich.

a) −760 + 210 = ______

Ü:

R:

b) −590 + 470 = ______

Ü:

R:

c) −420 − 360 = ______

Ü:

R:

d) −250 − 710 = ______

Ü:

R:

▸ Seiten 108–111

Rationale Zahlen

1 Wie heißen die markierten Zahlen? Trage ein.

a)

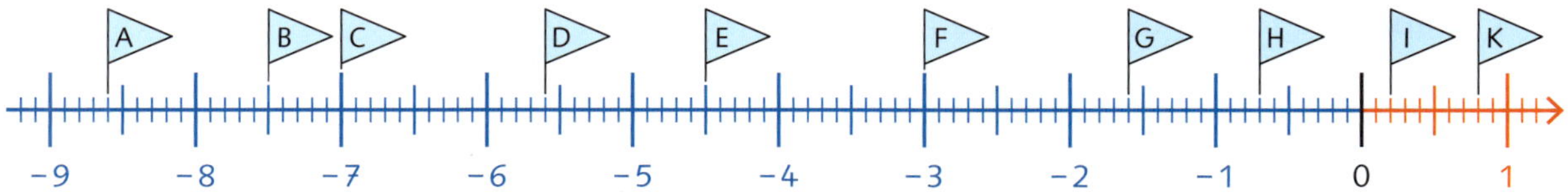

A = ______ B = ______ C = ______ D = ______ E = ______

F = ______ G = ______ H = ______ I = ______ K = ______

b)

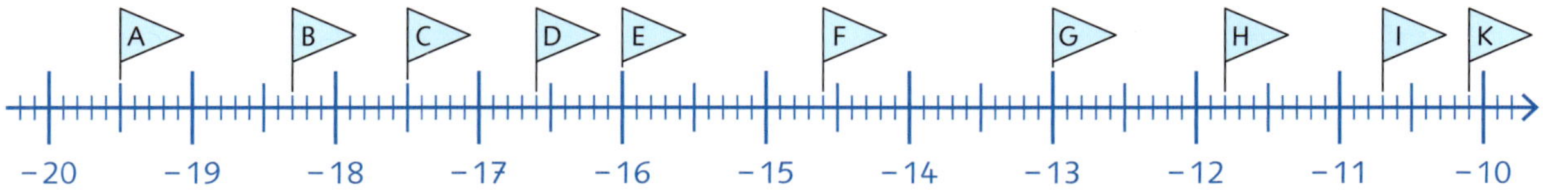

A = ______ B = ______ C = ______ D = ______ E = ______

F = ______ G = ______ H = ______ I = ______ K = ______

2 Markiere die Zahlen auf der Zahlengeraden.

a) −14,5 b) −13,2 c) −11,9 d) −10,3 e) −9,5 f) −8,7

g) −8,1 h) −7,2 i) −6,8 k) −6,5 l) −5,9 m) −13,7

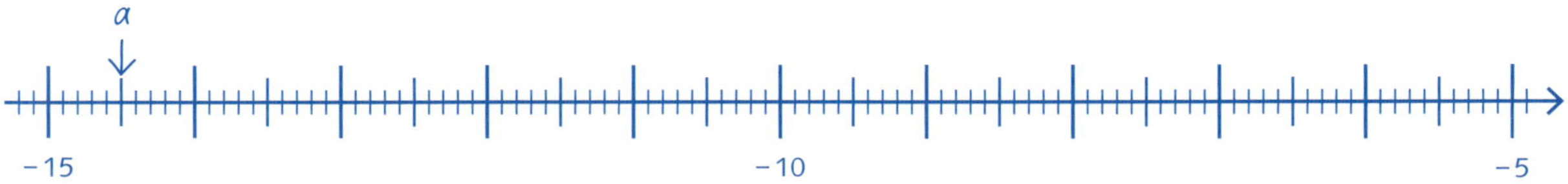

3 Kreuze an.

	natürliche Zahl	ganze Zahl	rationale Zahl
−26			
−5,79			
3,815			
$\frac{3}{4}$			
42			

4 Ordne der Größe nach. Beginne mit der kleinsten Zahl.

a) −2,4 −2,8 2,7 −2 −2,1

____

b) −4,5 −4,8 −4,9 4,6 −4,3

____

5 Zeichne zu jeder Aufgabe das Pfeilbild. Rechne aus.

a) −2,6 + 1,5 = ____

b) −1,3 − 1,8 = ____

c) −2,1 + 0,9 = ____

d) −6,1 − 1,7 = ____

e) −7,7 + 1,2 = ____

f) −6,5 − 0,8 = ____

► Seiten 112/113

Terme aufstellen, vereinfachen und lösen

1 Mit welchen Termen lässt sich der Flächeninhalt der Figur berechnen? Kreuze die passenden Terme an.

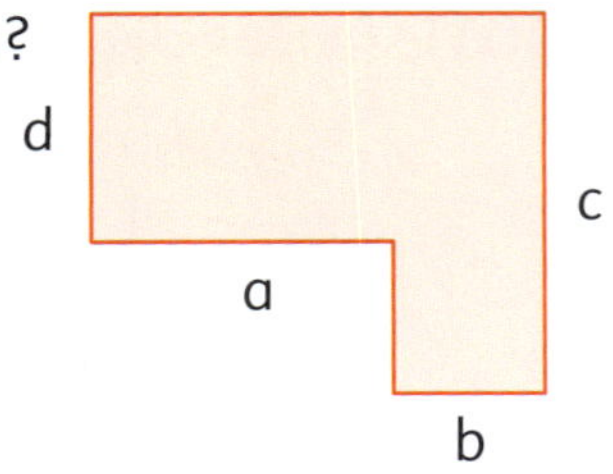

○ $a \cdot b + c \cdot d$ ○ $a + b \cdot c + d$ ○ $a \cdot d + b \cdot c$

○ $ad + bc$ ○ $a + d \cdot c + b$ ○ $d \cdot a + c \cdot b$

Kontrolliere, ob du die richtigen Terme gefunden hast.
Die Maße sind $a = 4\,m$, $b = 2\,m$, $c = 5\,m$, $d = 3\,m$. Der Flächeninhalt beträgt insgesamt $22\,m^2$.

2 Vereinfache die Terme.

a) $x + 3 - x + 5 - c$

b) $3a + 3 + 4b - 2a + 6 - 4b$

3 Bilde die passenden Terme.

a) Ich multipliziere die Variable a mit 5 und subtrahiere 19.

b) Ich addiere die Variable x zu 1 und subtrahiere y.

c) Ich verdreifache die Variable z und addiere $\frac{3}{4}$.

d) Kaufe vier Packungen und spare 5 €.

4 a) Gib einen Term an, mit dem du die monatlichen Kosten bestimmen kannst.

b) Berechne die Kosten bei 60 Gesprächsminuten im Monat.

► Seite 115

Gleichungen lösen (1)

1 a) Stelle jeweils eine passende Gleichung auf.

b) Bestimme jeweils das Gewicht des Kastens y.

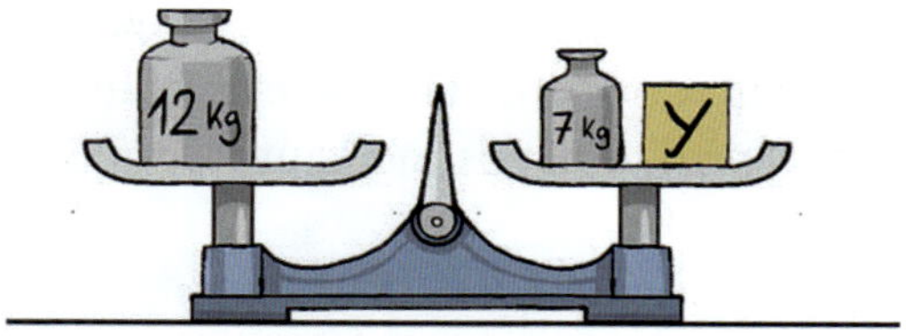

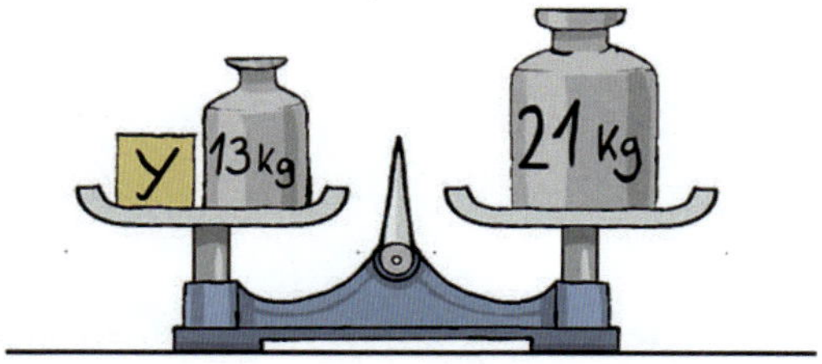

2 Löse die Gleichungen durch Probieren.

a) $27 = 4x + 11$

$x =$	Term	Wert des Terms	Aussage wahr/falsch
2	$4 \cdot 2 + 11$	19	f

b) $4 + 3z + 5 = 24$

$z =$	Term	Wert des Terms	Aussage wahr/falsch

3 Beschreibe das Vorgehen beim Umstellen einer Gleichung.

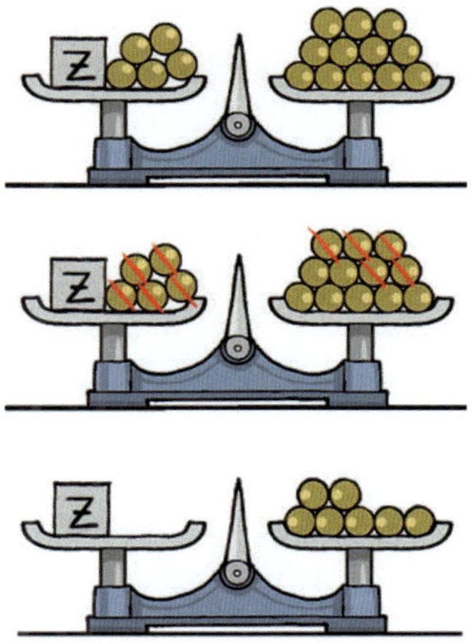

1. ______________________________

2. ______________________________

3. ______________________________

4. ______________________________

4 Schreibe zu den Abbildungen der Waage die passende Umformung der Gleichung.

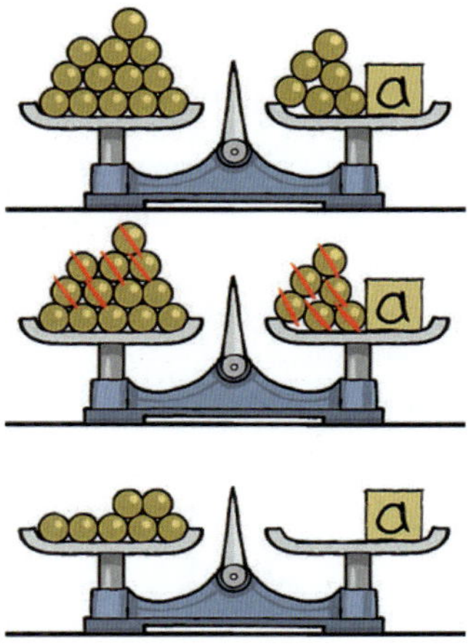

▸ Seiten 116/117

Gleichungen lösen (2)

1 Ben und Ling-Ling vergleichen ihre Lösungen zur Gleichung $2x - 3 - x + 7 = 9$.
Ling-Lings Lösung lautet: $x = 5$. Bens Lösung lautet: $x = 4$. Kontrolliere mit der Probe.

2 Schreibe die Sätze zur Umformung einer Gleichung in der richtigen Reihenfolge auf.

Ich kontrolliere mit der Probe.

Ich habe nun die Lösung der Gleichung.

Ich stelle die Gleichung auf.

Ich dividiere beide Seiten durch den Faktor der Variablen, wenn nötig.

Ich forme durch subtrahieren oder addieren um, wenn es möglich ist.

3 Schreibe zu den Abbildungen der Waage die passende Umformung der Gleichung.
Kontrolliere anschließend mit der Probe.

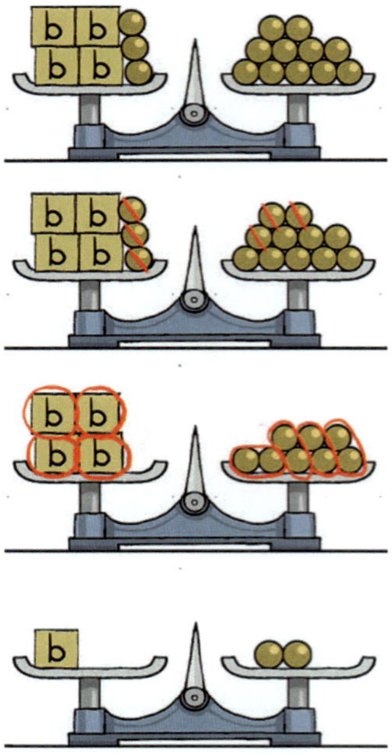

4 Ein Quadrat hat einen Umfang von $u_{\square} = 36\,cm$.
Wie lang sind die Seiten?

Antwort: ______________________

▸ Seiten 118/119

Formeln für die Flächeninhalte von Vierecken und Dreiecken

1 Kennzeichne die Grundseite der Figuren rot. Zeichne die dazu gehörige Höhe blau ein.

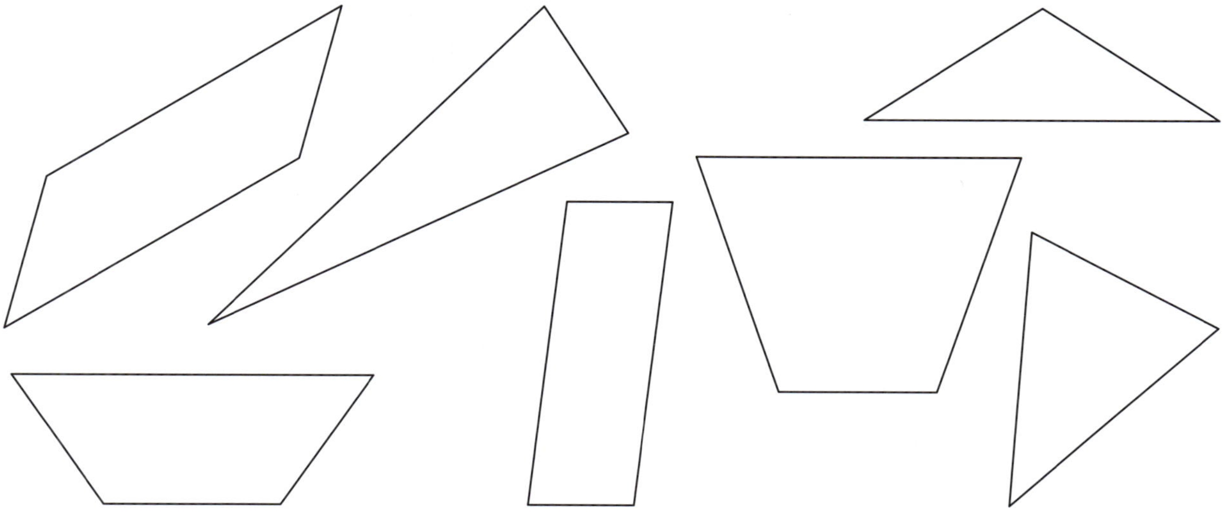

2 Kreuze die richtige Aussage an.

Der Flächeninhalt eines Parallelogramms wird berechnet, …

- ◯ indem die beiden Schrägseiten addiert werden und das Ergebnis dann mit der Höhe multipliziert wird.
- ◯ indem die Grundseite mit der Schrägseite multipliziert wird.
- ◯ indem die Grundseite mit der zugehörigen Höhe multipliziert wird.
- ◯ indem die Schrägseite zu der Grundseite addiert und das Ergebnis mit der zugehörigen Höhe multipliziert wird.

3 Kreuze die richtige Aussage an.

Der Flächeninhalt eines Dreiecks wird berechnet, …

- ◯ indem die Grundseite mit der Höhe multipliziert und das Ergebnis durch zwei dividiert wird.
- ◯ indem die Höhe durch zwei dividiert und zu dem Ergebnis dann die Grundseite addiert wird.
- ◯ indem die Grundseite und die Höhe addiert werden. Das Ergebnis wird durch zwei dividiert.

4 Kreuze die richtige Aussage an.

Der Flächeninhalt eines Trapezes wird berechnet, …

- ◯ indem die beiden Schrägseiten addiert und dann mit der Grundseite multipliziert werden. Das Ergebnis wird durch die Höhe dividiert.
- ◯ indem die beiden parallelen Seiten addiert und dann mit der Höhe multipliziert werden. Das Ergebnis wird durch zwei dividiert.
- ◯ indem die Grundseite mit der Höhe multipliziert und dann die zur Grundseite parallel liegende Seite addiert wird. Das Ergebnis wird durch zwei dividiert.

▸ Seite 121

Flächeninhalt und Umfang von Vierecken und Dreiecken

1 Berechne jeweils den Flächeninhalt. Markiere zuerst jeweils die Grundseite und zeichne die zugehörige Höhe ein. Miss danach die benötigten Strecken aus.

a) 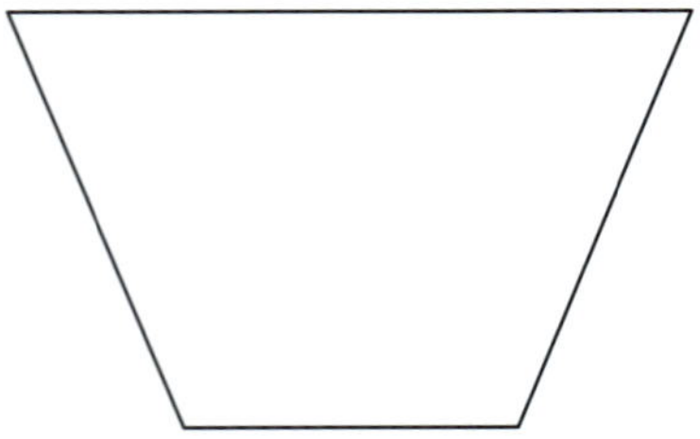

b) 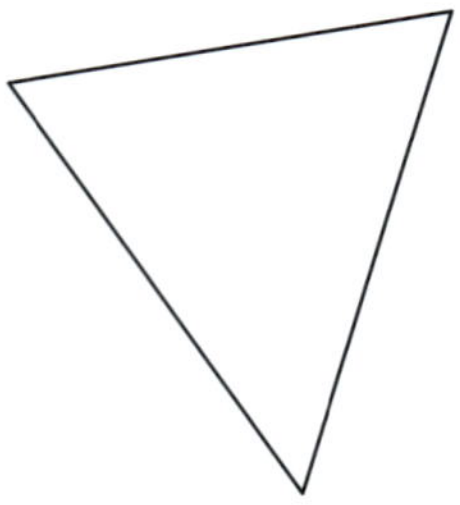

c) 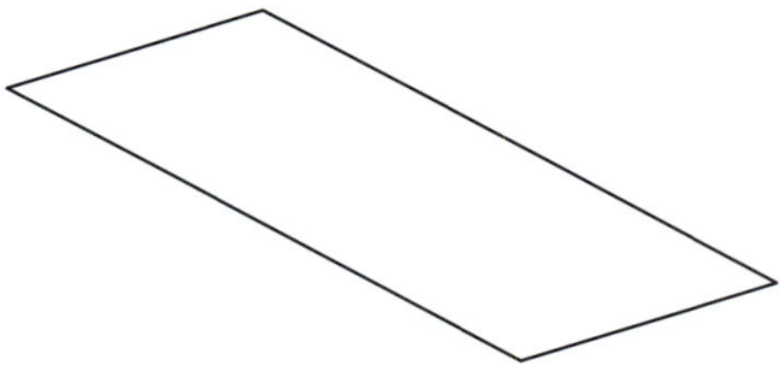

a) geg.:

ges.:

F.:

R.:

2 Berechne jeweils den Umfang der Figuren in Aufgabe **1**.

a) geg.:

ges.:

F.:

R.:

► Seite 122

Flächeninhalt von zusammengesetzten Flächen

Berechne den Flächeninhalt. Zeichne zuerst ein, wie du die Fläche zur Berechnung unterteilt hast. Kennzeichne danach Grundseiten und Höhen und miss sie zur Berechnung aus.

1

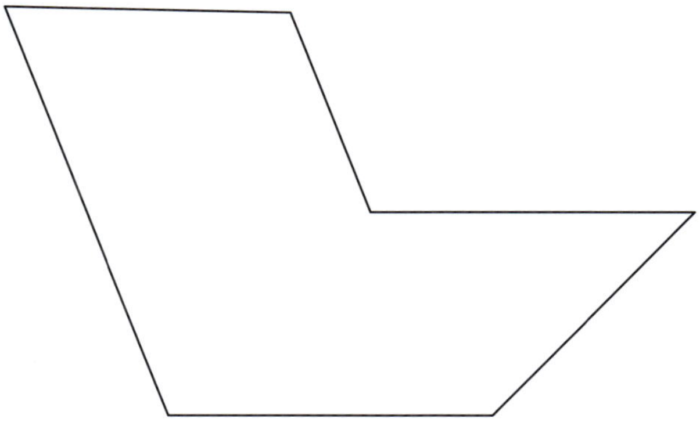

2

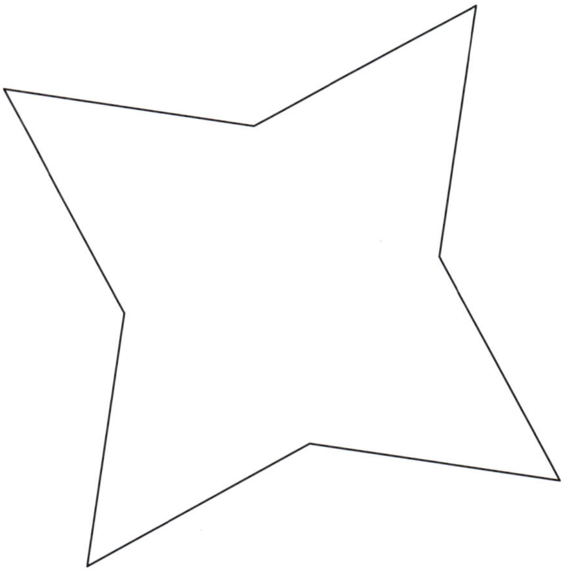

▸ Seiten 122–124

Flächeninhalt und Umfang des Kreises

1 Berechne den Umfang und den Flächeninhalt der Kreise.

a)

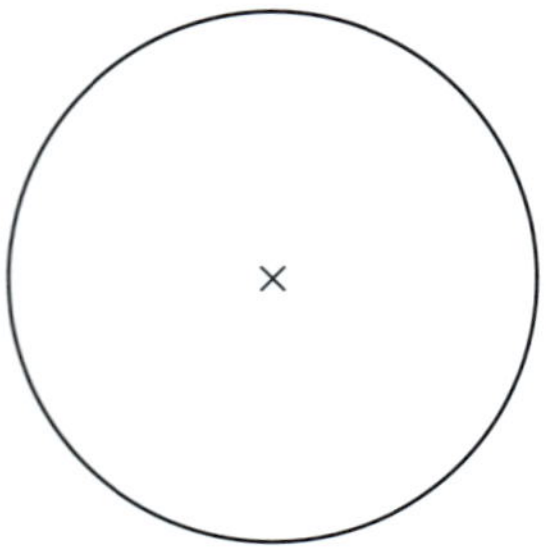

b)

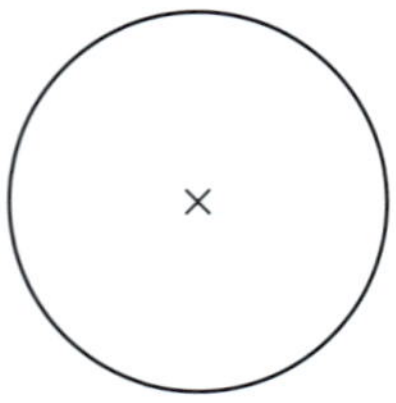

2 Berechne den Flächeninhalt und den Umfang der Figuren.

a)

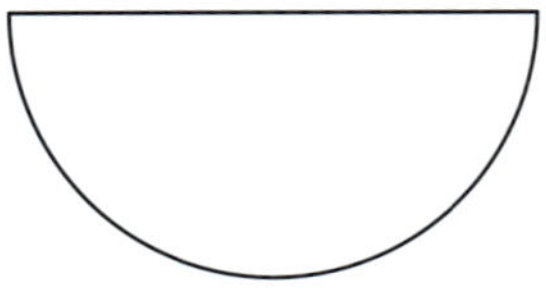

b)

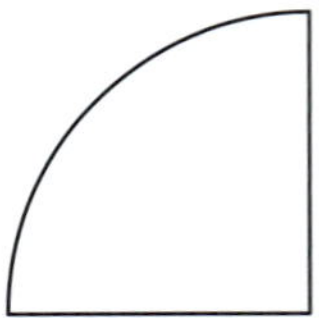

c)

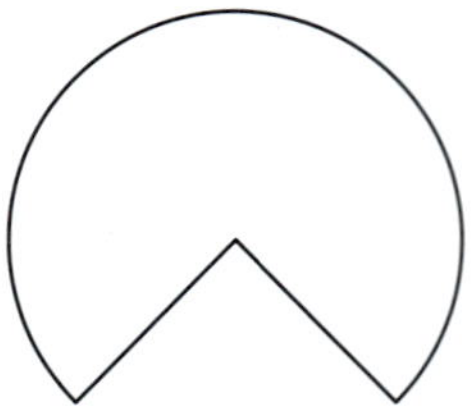

▸ Seiten 126/127

Rechtwinklige Dreiecke untersuchen

1 a) Bezeichne jeweils die Katheten und die Hypotenuse und trage diese in die Tabelle ein.

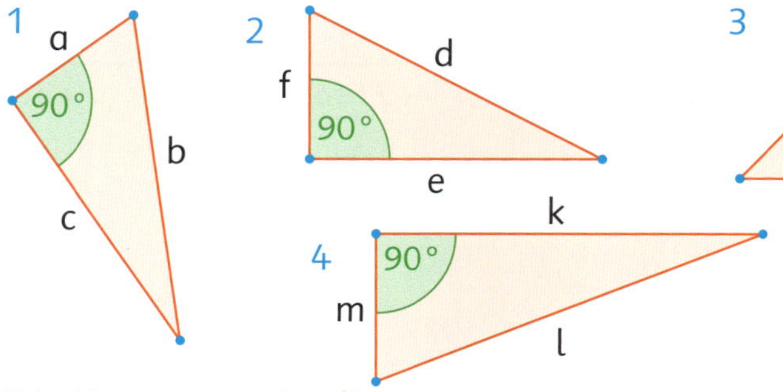

Dreieck	Katheten	Hypotenuse
1		
2		
3		
4		

b) Die Hypotenuse ist die ____________________ Seite im Dreieck.

Sie liegt dem ____________________ Winkel gegenüber.

Die Katheten sind die ____________________ Seiten im Dreieck.

Sie liegen am ____________________ Winkel an.

2 a) Beschrifte die Dreiecke. Benenne die Katheten mit a und b, die Hypotenuse mit c.

b) Vervollständige jede Seite zu einem Quadrat und bestimme jeweils die Flächeninhalte.

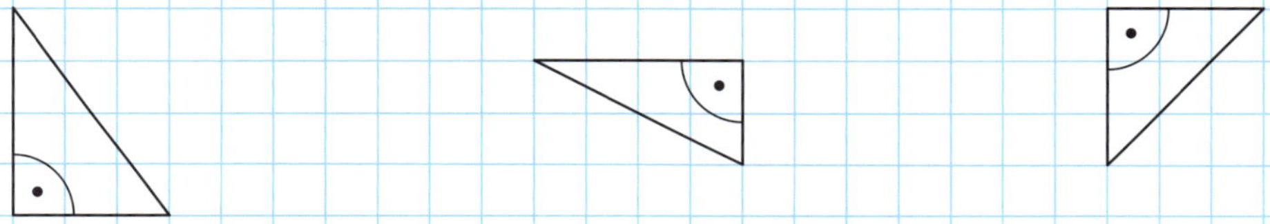

3 a) Mit Hilfe eines Lattendreiecks werden im Straßenbau rechte Winkel erzeugt. Prüfe mit dem Satz des Pythagoras.

b) Beschreibe, wie ein Maurer mit dem Knotenseil einen rechten Winkel erzeugt.

a)

b) Beschreibung: ____

____

Seitenberechnungen mit dem Satz des Pythagoras

1 Berechne jeweils die Länge der Hypotenuse c. Nutze den Taschenrechner.

	a)	b)	c)	d)
Kathete a	9 mm	2,5 cm	7,5 m	0,5 dm
Kathete b	12 mm	6 cm	4 m	1,2 dm
Hypotenuse c				

Skizze:

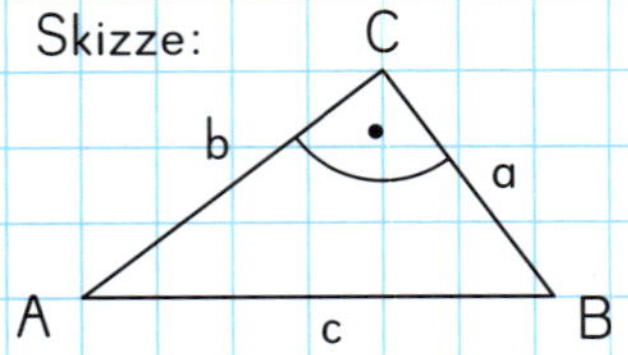

2 Berechne jeweils die Länge der Kathete a oder b. Nutze den Taschenrechner.

	a)	b)	c)	d)
Kathete a		7,5 mm	12,5 m	
Kathete b	12 cm			7,2 dm
Hypotenuse c	13 cm	12,5 mm	32,5 m	7,8 dm

Skizze:

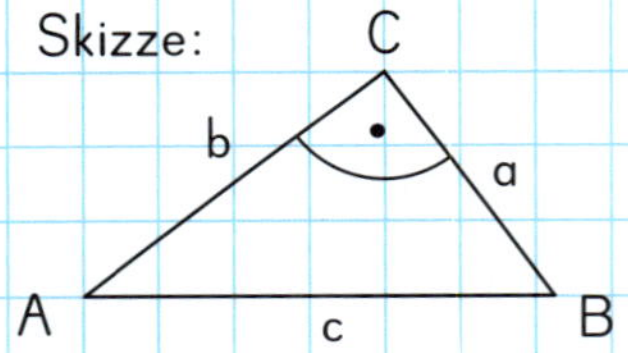

3 a) Konstruiere das Dreieck ABC mit $a = 3{,}2\,cm$, $b = 2{,}4\,cm$ und $\gamma = 90°$.

b) Bestimme, was gegeben und was gesucht ist.

c) Berechne die fehlende Seitenlänge. Kontrolliere deine Rechnung durch Nachmessen.

geg.:

ges.:

▸ Seiten 132/133

Wahrscheinlichkeiten berechnen (1)

Glücksräder

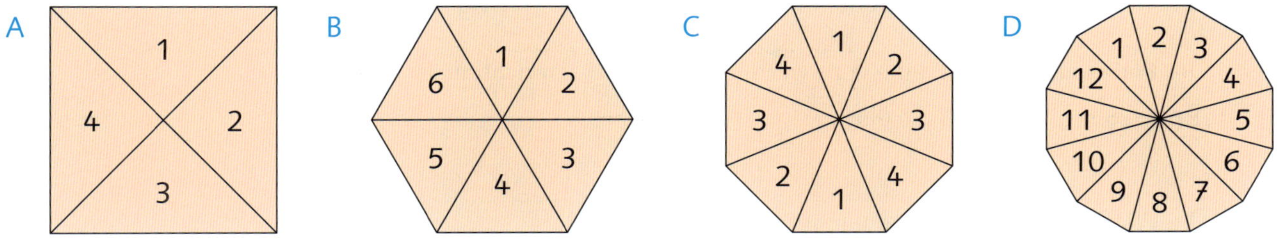

1 Berechne:
Wie groß ist die Wahrscheinlichkeit, mit den oben abgebildeten Glücksrädern eine …

Glücksrad	4 zu drehen?	5 oder 6 zu drehen?	gerade Zahl zu drehen?
A			
B			
C			
D			

2 Vergleiche Glücksrad A und Glücksrad C miteinander. Was fällt dir auf?

____

____

____

3 Beschrifte Glücksrad E so, dass es genauso wahrscheinlich ist eine 1 bis 6 zu drehen, wie bei Glücksrad B. Erkläre.

Erklärung: ______________________________

____

____

____

____

____

E

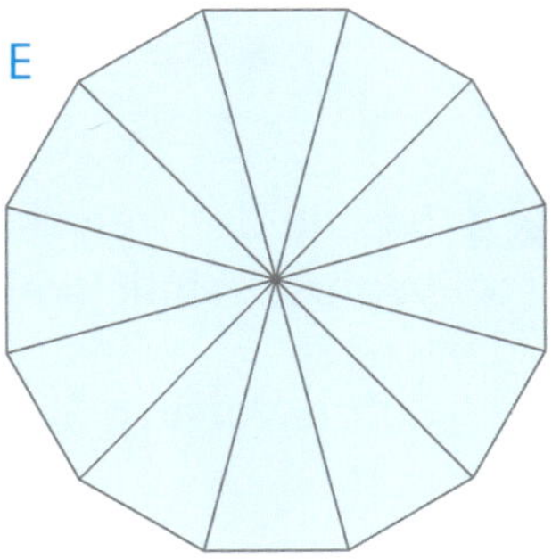

4 Berechne:
Wie groß ist die Wahrscheinlichkeit, mit den oben abgebildeten Glücksrädern eine …

Glücksrad	durch 3 teilbare Zahl zu drehen?	Quadratzahl zu drehen?	Primzahl zu drehen?
A			
B			
C			
D			
E			

▸ Seiten 135/136

Wahrscheinlichkeiten berechnen (2)

1 Hier wurden bei der Berechnung der Wahrscheinlichkeiten der Wurfergebnisse eines Spielwürfels Fehler gemacht. Finde sie und rechne richtig.

Die Wahrscheinlichkeit, eine 6 zu würfeln, ist:

$\frac{6}{1} = 6$

Die Wahrscheinlichkeit, eine ungerade Zahl zu würfeln, ist:

$\frac{3}{1} = 3$

Die Wahrscheinlichkeit, keine 6 zu würfeln, ist:

$\frac{5}{1} = 5$

Berichtigung:

2 Ordne jeder Situation die entsprechenden Wahrscheinlichkeiten zu. Male jeweils zusammenpassende Felder in der gleichen Farbe an.

an einem Glücksrad mit 12 gleich großen und von 1 bis 12 benannten Feldern eine gerade Zahl drehen

$\frac{1}{2}$

0

20 von 100 Schokoladenhasen sind zu warm gelagert worden. Du kaufst einen davon.

25 %

$\frac{1}{4}$

$0,\overline{3}$

50 %

$33,\overline{3}$ %

$\frac{1}{3}$

90 %

0,9

eine 8 mit einem Spielwürfel würfeln

von 10 Losen mit 9 Nieten eine Niete ziehen

von vier Strohhalmen den Kurzen ziehen

eine von drei Karten ist ein Ass und wird gezogen

20 %

0,25

0,5

0,2

$\frac{9}{10}$

3 Nenne drei verschiedene Zufallsversuche und die entsprechenden Ergebnisse, die mit einer Wahrscheinlichkeit von 50 % eintreten.

Zufallsversuch 1: ____________________

Zufallsversuch 2: ____________________

Zufallsversuch 3: ____________________

4 Paul hat beim Würfeln viermal hintereinander eine 1 geworfen. Kenan meint, dass Paul beim nächsten Wurf auf jeden Fall keine 1 mehr würfeln wird. Hat Kenan recht? Begründe.

▸ Seiten 135/136

Wahrscheinlichkeiten ermitteln

1 Ein Kronkorken wurde mehrfach geworfen. In regelmäßigen Abständen wurden die Zwischenergebnisse für „Krone“ in einer Tabelle notiert. Berechne jeweils die relative Häufigkeit.

Anzahl der Würfe	10	20	30	40	50
absolute Häufigkeit	5	12	18	22	30
relative Häufigkeit					

2 Eine Untersuchung hat ergeben, dass die relative Häufigkeit, eine Tüte Milch mit defektem Verschluss im Supermarkt zu kaufen, 20 % beträgt. Es wurden fünf Tüten Milch untersucht.

a) Berechne die absolute Häufigkeit der defekten Milchtüten.

b) Welches Gesetz wurde bei dieser Untersuchung nicht beachtet? Begründe.

3 Auf einem Jahrmarkt kann man an einem Glücksrad mit vier Feldern sein Glück versuchen. Paul glaubt, dass dieses Glücksrad nicht in Ordnung sei. Er überprüft seine Vermutung und notiert die Ergebnisse von 160 Drehungen.

a) Berechne die relativen Häufigkeiten.

	Feld 1	Feld 2	Feld 3	Feld 4
absolute Häufigkeit	40	22	54	44
relative Häufigkeit				

b) Hat Paul recht? Begründe.

4 Kenan und Ole haben in der letzten Fußballsaison beide gut gespielt und zusammen die meisten Tore für ihre Mannschaft erzielt. Kenan hat bei 15 von 32 Torschüssen ein Tor erzielt. Ole hat bei 8 von 16 Torschüssen getroffen. Wer ist der sicherere Torschütze?

Antwort:

► Seiten 137/138

Körper unterscheiden und zeichnen

1 Für welche Körper gelten die Aussagen?

a) Der Körper hat parallel zueinander verlaufende Kanten.

____

b) Der Körper hat dreieckige Seitenflächen.

____

c) Der Körper hat keine geraden Kanten.

____

d) Das Netz diese Körpers kann man nicht zeichnen.

____

e) Der Körper kann quadratische und rechteckige Seitenflächen haben.

____

f) Der Körper hat 18 Kanten.

____

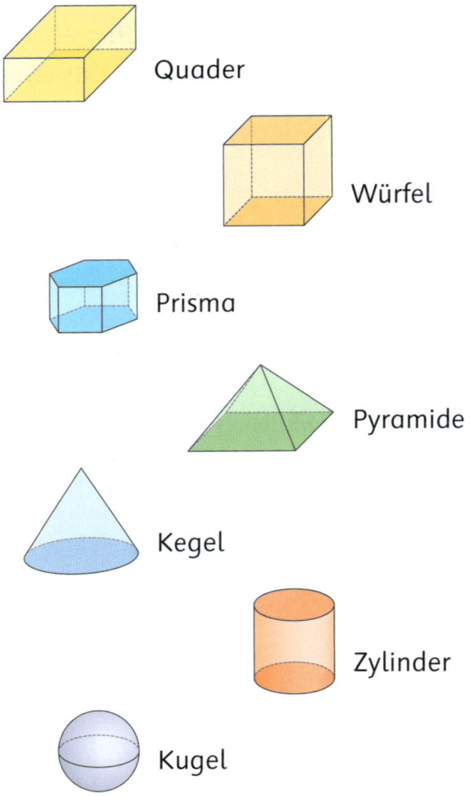

2 Konstruiere folgende Körper. Fertige zuerst eine Planfigur an.

a) Quader:
a = 4,5 cm
b = 3 cm
h = 3,5 cm

Planfigur:

Konstruktion:

b) Pyramide:
a = 4 cm
h = 3,8 cm

Planfigur:

Konstruktion:

▸ Seiten 140/141

Oberflächen von Prismen und Zylindern

1 a) Färbe im Schrägbild und im Quadernetz gleiche Flächen in der gleichen Farbe ein.

b) Übertrage die Längenangaben auf das Quadernetz.

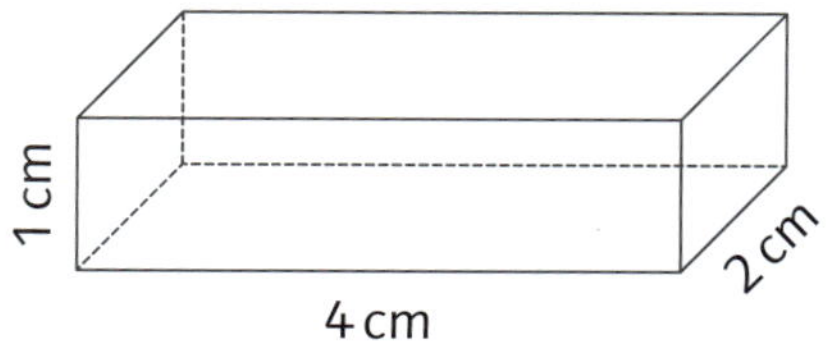

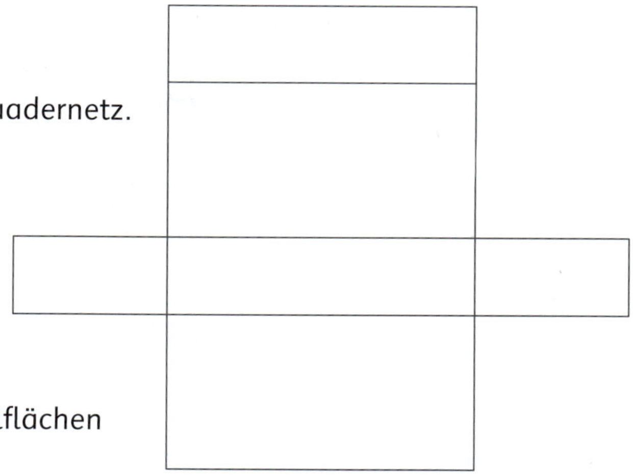

c) Berechne zuerst den Flächeninhalt der Teilflächen und danach die Oberfläche des Quaders.

2 Abgebildet ist das Netz eines vierseitigen Prismas.

a) Kennzeichne die Grundfläche farbig.

b) Gib die Körperhöhe an.

h = ____________

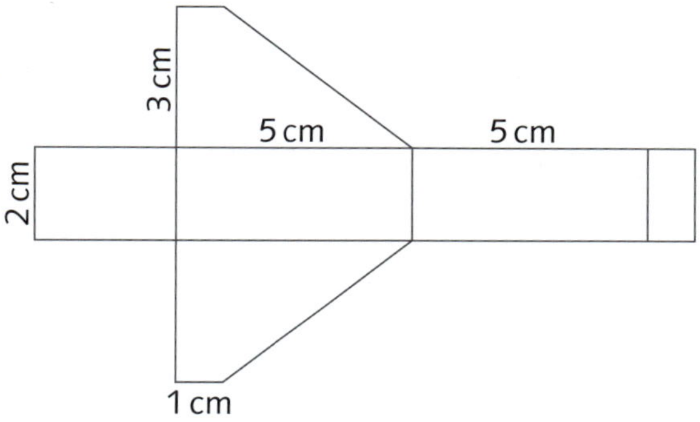

3 a) Vervollständige und beschrifte das Netz des abgebildeten Prismas mit den Maßen:

a = 2,5 cm, b = 1,5 cm,
c = 2 cm, h = 1 cm

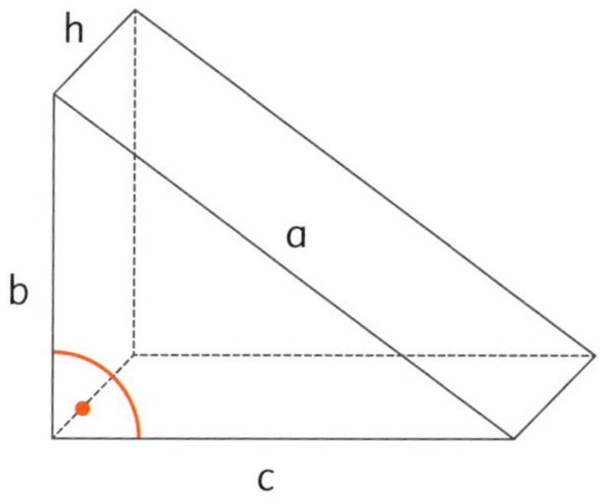

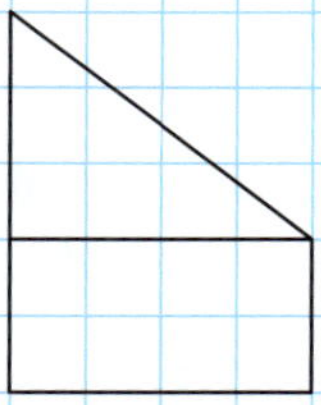

F.: A = 2 · G · M

R.:

b) Färbe im Schrägbild und im Körpernetz die Grundfläche und die Mantelfläche farbig ein.

c) Berechne die Oberfläche mit der Formel.

▸ Seiten 142/143

Volumen von Prismen und Zylindern

1 Miss zuerst alle Seitenlängen und kennzeichne die jeweilige Grundfläche und die Höhe farbig. Berechne danach das Volumen der Prismen. Beachte, dass nach hinten verlaufende Körperkanten im Schrägbild um die Hälfte verkürzt dargestellt sind.

a)

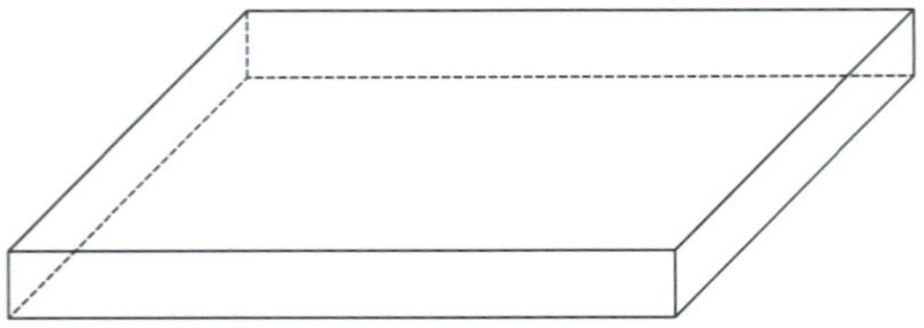

a) geg.: a =

b =

h_k =

ges.: V = ?

F.: $V = G \cdot h_k$

$V = a \cdot b \cdot h_k$

R.: V =

b)

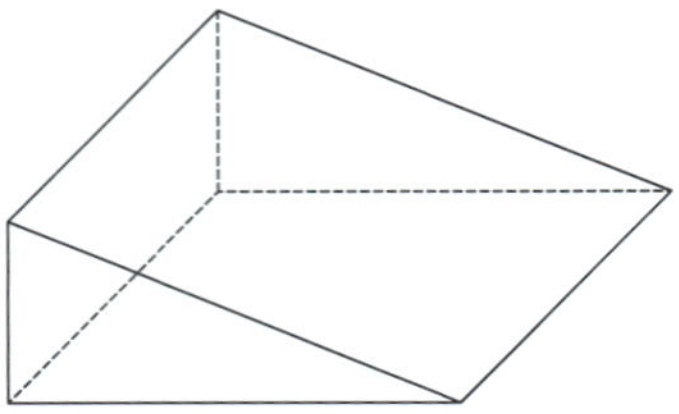

b) geg.:

c)

c)

2 Der abgebildete Körper hat ein Volumen von $V = 120\,m^3$. Berechne die Höhe des Dreiecks. Notiere zuerst, was gegeben ist und was gesucht wird.

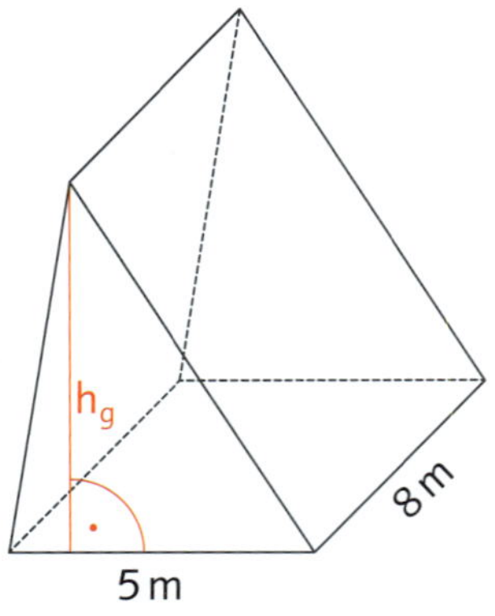

Die Höhe h_g beträgt ____ m.

▸ Seiten 144/145

Volumen zusammengesetzter Körper

1 a) Zerlege zuerst den Körper sinnvoll in Teilkörper. Färbe diese danach unterschiedlich ein.

b) Notiere alle notwendigen Seitenlängen und berechne das Volumen der Teilkörper.

c) Berechne das Gesamtvolumen des Körpers.

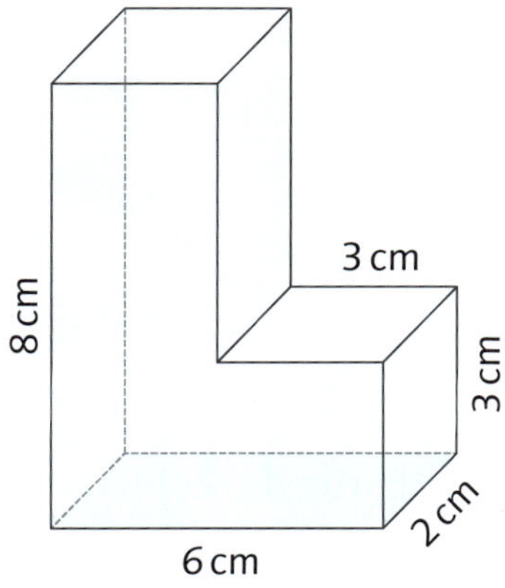

2 a) Zerlege zuerst den Körper sinnvoll in Teilkörper. Färbe diese danach unterschiedlich ein.

b) Berechne das Volumen der Teilkörper.

c) Berechne das Gesamtvolumen des Körpers.

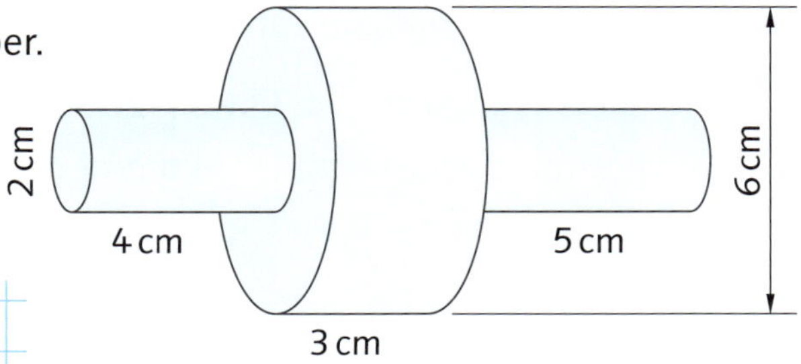

3 Das Bild zeigt einen 3 m langen Stahlträger im Querschnitt.

a) Zerlege zuerst den Körper sinnvoll.

b) Berechne das Volumen des Körpers.

c) Wie schwer ist der Stahlträger? Ein dm^3 Stahl wiegt 7,9 kg.

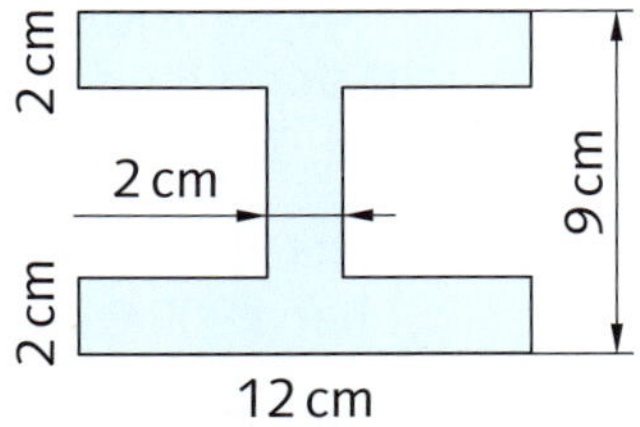

► Seite 146

Grundbegriffe der Zinsrechnung

1 Welche Bezeichnungen aus der Prozentrechnung können denen der Zinsrechnung zugeordnet werden? Verbinde.

Prozentrechnung	Zinsrechnung
Grundwert G	Zinssatz p %
Prozentsatz p %	Kapital K
Prozentwert W	Zinsen Z

2 Färbe die Zahlen in den Beispielen wie folgt ein:
das Kapital in Rot, die Zinsen in Blau und den Zinssatz in Grün.

a) Frau Huber kauft sich ein neues Auto. Dafür nimmt sie einen Kredit in Höhe von 2 100 € auf. Sie zahlt dafür 7 % Zinsen im Jahr. Das entspricht 300 €.

b) Herr Prange hat im Lotto 20 000 € gewonnen und zahlt den Gewinn auf ein Festgeldkonto ein. Er bekommt dafür jährlich 650 € Zinsen. Das entspricht einem Zinssatz von 3,5 %.

c) Oles Bruder hat bei einem Kunstwettbewerb 400 € Preisgeld gewonnen. Für 100 € kauft er sich hochwertige Künstlerfarbe. Die übrigen 300 € zahlt er auf ein Konto ein. Er bekommt einen Zinssatz von 2 % im Jahr. Das entspricht 6 €.

3 Was wird gesucht? Kreuze an.

		Kapital K	Zinsen Z	Zinssatz p %
a)	Kenan hat 500 € zu einem Zinssatz von 1,5 % pro Jahr angelegt.			
b)	Greta bekommt auf ihr Guthaben einen Jahreszinssatz von 2 %. Das entspricht 50 €.			
c)	Frau Kowalski kauft sich eine neue Waschmaschine. Dafür nimmt sie einen Kredit in Höhe von 1 000 € auf. Sie zahlt für den Kredit 80 € Zinsen im Jahr.			
d)	Tims Eltern zahlen in einem Jahr einen Kredit über 1 800 € ab. Der Zinssatz beträgt 7 %.			
e)	Tim hat 400 € auf seinem Konto. Er bekommt dafür jährlich 8 € Zinsen.			

4 Formuliere eine Aussage, wie in Aufgabe **3**. Kapital K und Zinssatz p % sollen gegeben sein.

____

____

____

▸ Seite 149

Die Zinsen berechnen

1 Ergänze den Satz und die Formel.

Die Zinsen kannst du mit dem ______________________

in einer Tabelle oder mit der __________________ berechnen.

Formel:

Z = __________

2 Berechne die Zinsen mit dem Dreisatz.

a) 8 % auf 200 €

Zinssatz p %	Zinsen in €
100	200
1	$\frac{200}{100}$
8	

b) 2 % auf 500 €

Zinssatz p %	Zinsen in €
100	500
1	
2	

c) 7 % auf 250 €

Zinssatz p %	Zinsen in €
100	250
7	

3 Berechne die Zinsen mit der Formel.

Greta, Ole und Lisa haben beim Musikwettbewerb ein Preisgeld gewonnen. Ihren Gewinn haben sie durch drei geteilt. Die drei Freunde haben ihren Anteil bei der gleichen Bank zu unterschiedlichen Laufzeiten und unterschiedlichen Zinssätzen angelegt:

	Greta	Ole	Lisa
Betrag	200 €	200 €	200 €
Zinssatz	2 %	2,5 %	3,5 %
Verfügbarkeit	jederzeit	nach 2 Jahren	nach 4 Jahren

a) Berechne die Zinsen von Greta nach einem Jahr.

Antwort: ______________________

geg.:

ges.:

b) Berechne die Zinsen von Lisa nach einem Jahr.

Antwort: ______________________

geg.:

ges.:

c) Warum bietet die Bank für das gleiche Geld unterschiedliche Zinssätze an? Kreuze an.

- ○ Jeder Bankberater verwendet andere Tabellen für die Zinssätze.
- ○ je länger die Laufzeit, desto höher der Zinssatz
- ○ Das hat etwas mit der Börse zu tun.

▸ Seiten 150/151

Das Kapital und den Zinssatz berechnen

1 Ergänze den Satz und die Formeln.

Das Kapital und den Zinssatz kannst du jeweils mit dem ______________________ in einer Tabelle oder mit der entsprechenden __________________ berechnen.

Formel:
K = __________

Formel:
p % = __________

2 Berechne das Kapital mit dem Dreisatz.

a) 7 % sind 14 €

Zinssatz p %	Kapital in €
7	14
1	$\frac{14}{7}$
100	

b) 2 % sind 30 €

Zinssatz p %	Kapital in €
2	30
1	
100	

c) 4 % sind 280 €

Zinssatz p %	Kapital in €
4	280
100	

3 Berechne den Zinssatz mit der Formel.

Die Schülerinnen und Schüler der Schülerfirma „Büdchen" wollen ihre Einnahmen aus dem Schuljahr in Höhe von 1 500 € bei der Bank anlegen. Sie holen sich hierzu bei der Bank verschiedene Angebote mit unterschiedlichen Laufzeiten ein:

Angebot	A	B	C	D
angelegter Betrag	1 500 €	1 500 €	1 500 €	1 500 €
Zinsen nach 1 Jahr	15 €	30 €	45 €	60 €

a) Berechne den Zinssatz bei Angebot B.

geg.:

ges.:

Antwort: ______________________

b) Berechne den Zinssatz bei Angebot D.

geg.:

ges.:

Antwort: ______________________

c) Welches Angebot wird wahrscheinlich die längste Laufzeit haben? Begründe.

▸ Seite 152

Funktionen als spezielle Zuordnungen

1 a) Was ist eine Funktion? Ergänze den Satz.

Eine Funktion ist eine Zuordnung, bei der ______________________________

____.

b) Kreuze an, bei welchen Graphen es sich um eine Funktion handelt.

○ 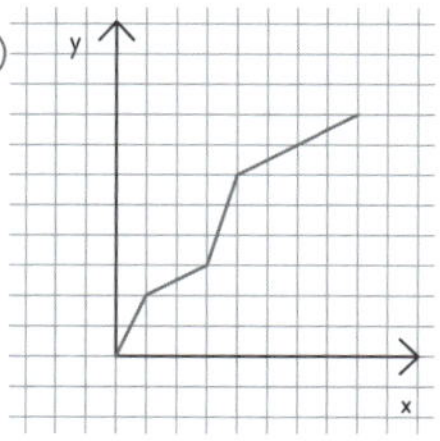

○ 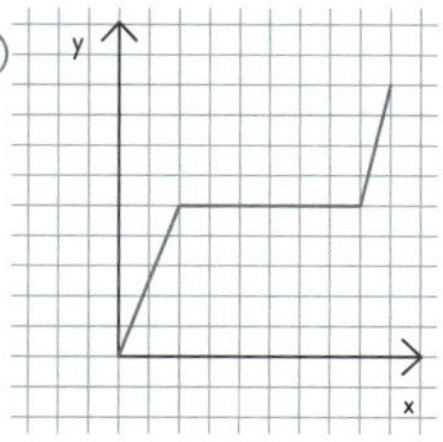

○ 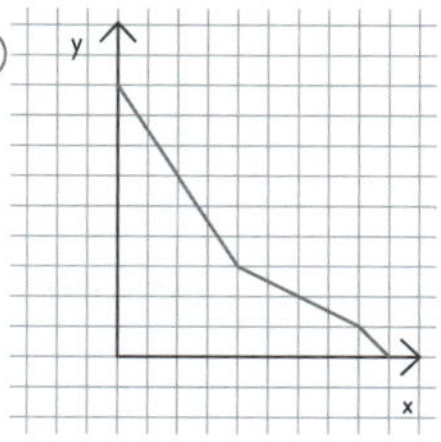

○ 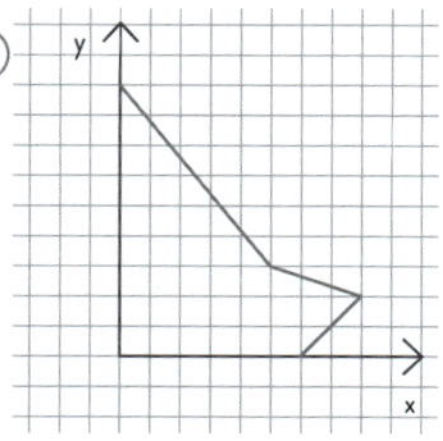

○ 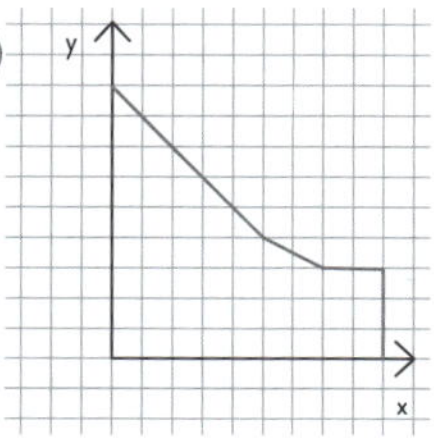

○ 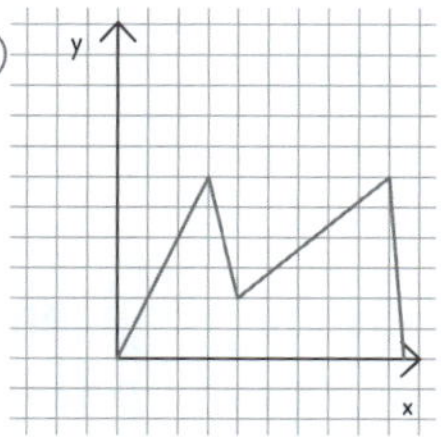

○ 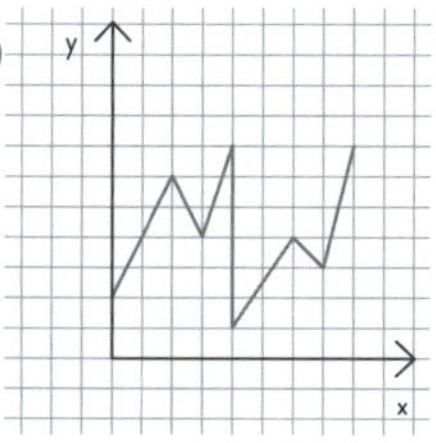

○ 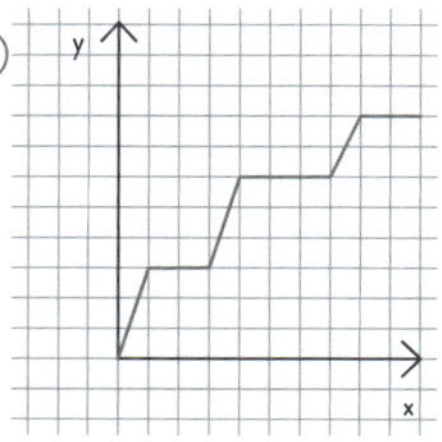

c) Markiere die Stellen, an denen du erkennst, dass es sich nicht um eine Funktion handelt.

2 Ein Wochenend-Ticket für die Bahn kostet 42 €. Bis zu fünf Personen können damit fahren. Ergänze die Wertetabelle für bis zu fünf Personen und zeichne den Graphen.

Anzahl der Personen	Preis in €
1	42 €
2	

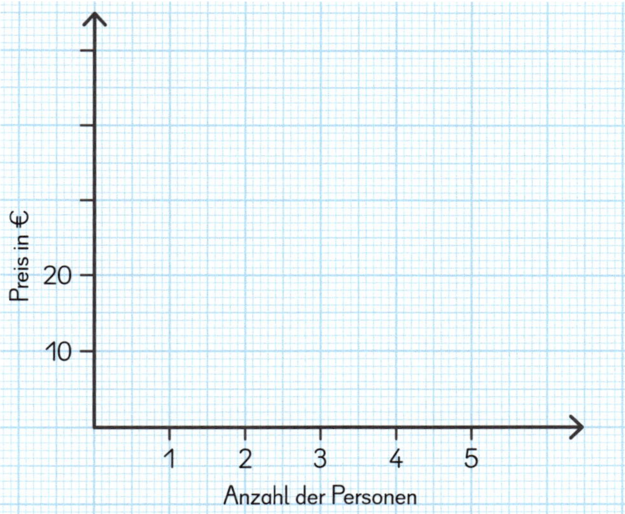

Handelt es sich hier um eine Funktion? Begründe.

____

____

____

____

3 Für 1,00 € erhält man 1,30 US-Dollar. Ergänze die Wertetabelle.

€	1,00	10,00	15,00	25,00	50,00	100,00	250,00	400,00	575,00
$									

Handelt es sich hier um eine Funktion? Begründe. ______________________________

____

Zuordnungen als lineare Funktionen

1 a) Was ist eine lineare Funktion? Ergänze den Satz.

Bei einer linearen Funktion ____

____.

b) Kreuze an, bei welchen Graphen es sich um eine lineare Funktion handelt.

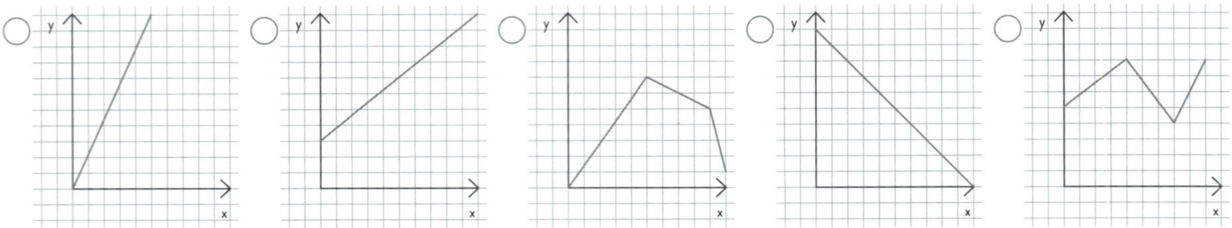

c) Begründe deine Entscheidung. ____

____

2 Herr Xuan möchte entlang seiner Terrasse Büsche pflanzen. Die Terrasse ist 3,20 m lang. Gleich vorne soll der erste Busch stehen, die anderen pflanzt er im Abstand von 0,40 m. Ergänze die Wertetabelle. Zeichne den Graphen.

Anzahl der Büsche	Abstand in m
1	0

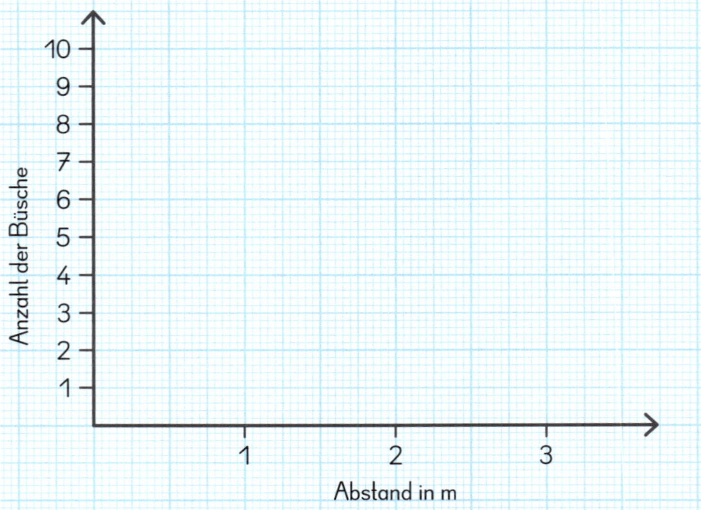

Warum ist diese Funktion linear? ____

3 Aus welchem Sachverhalt ergibt sich eine lineare Funktion? Kreuze an.

- ○ Ein Kilogramm Tomaten kostet 1,79 €. Lisa kauft 3 kg.
- ○ Der Versand eines Päckchens innerhalb Deutschlands kostet 4,10 €, der Versand ins europäische Ausland 8,90 €.
- ○ Ein Meerschweinchen braucht 90 g Futter am Tag. In der Packung ist 1 kg.
- ○ Paul rennt um 7:20 Uhr die 800 m zur Bushaltestelle. Um 7:30 Uhr kommt er an und steigt gleich in den Bus. Dieser fährt in 12 Minuten die 5 km bis zur Schule.
- ○ Herr Renneberg verbraucht mit seinem Auto auf 200 km 16,8 l Benzin.
- ○ 100 g Kartoffelchips haben 71 Kalorien. Dana isst 250 g.
- ○ Kenan bezahlt für einen Haarschnitt 8,50 €. Mit Gel würde es 10 € kosten.

▸ Seiten 156/157

Formelsammlung

Flächen

allgemeines Viereck		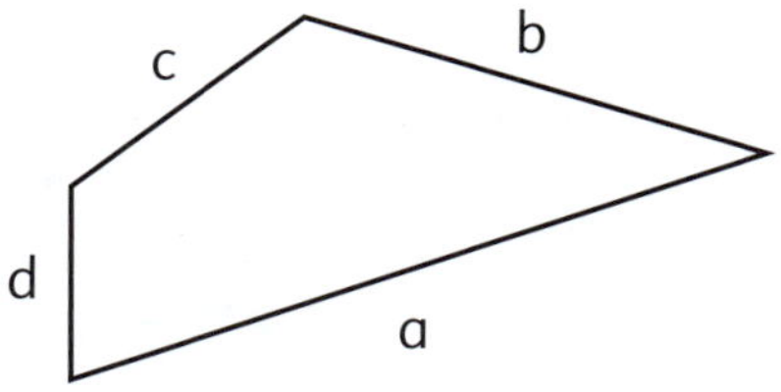
Umfang	$u = a + b + c + d$	
Quadrat		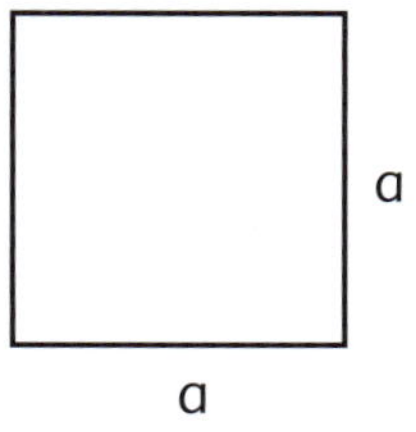
Umfang	$u = 4 \cdot a$	
Flächeninhalt	$A = a^2$	
	$A = a \cdot a$	
Rechteck		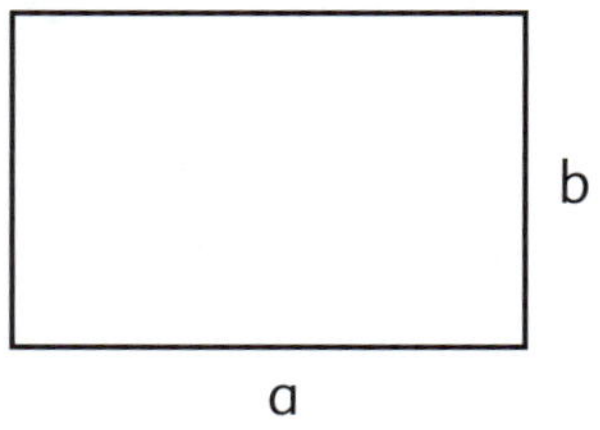
Umfang	$u = 2 \cdot a + 2 \cdot b$	
Flächeninhalt	$A = a \cdot b$	
Parallelogramm		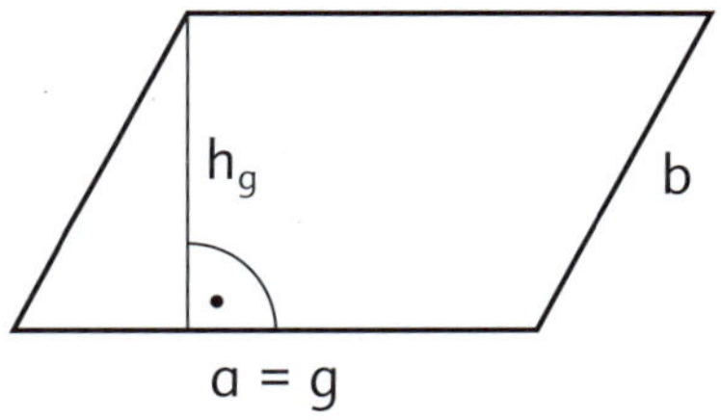
Umfang	$u = 2 \cdot a + 2 \cdot b$	
Flächeninhalt	$A = g \cdot h_g$	
Raute		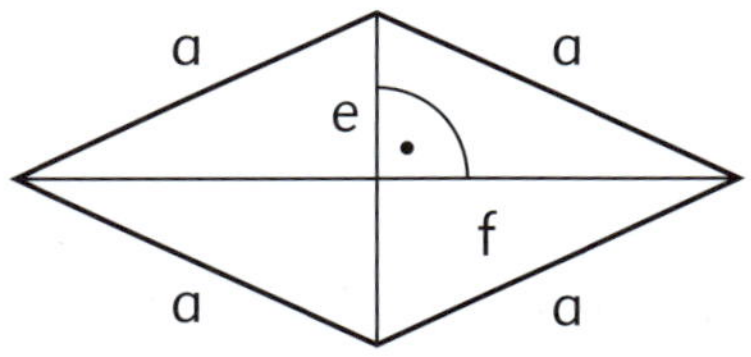
Umfang	$u = 4 \cdot a$	
Flächeninhalt	$A = e \cdot f : 2$	
	$A = \frac{e \cdot f}{2}$	
Drachenviereck		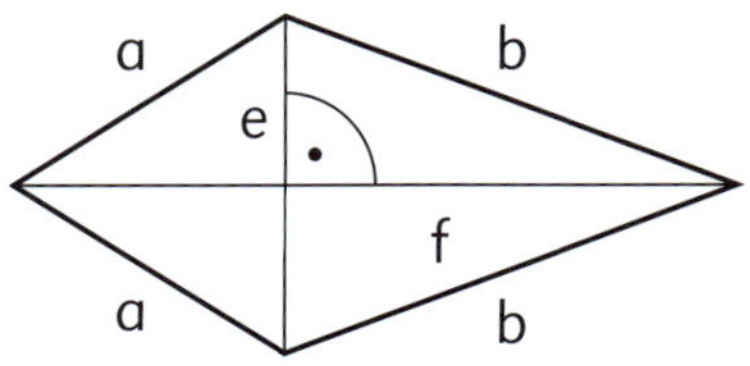
Umfang	$u = 2 \cdot a + 2 \cdot b$	
Flächeninhalt	$A = e \cdot f : 2$	
	$A = \frac{e \cdot f}{2}$	
Trapez		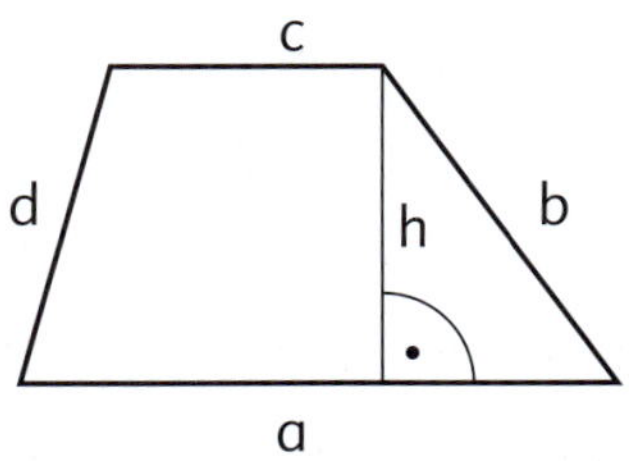
Umfang	$u = a + b + c + d$	
Flächeninhalt	$A = (a + c) \cdot h : 2$	
	$A = \frac{(a + c) \cdot h}{2}$	

Flächen

Dreieck		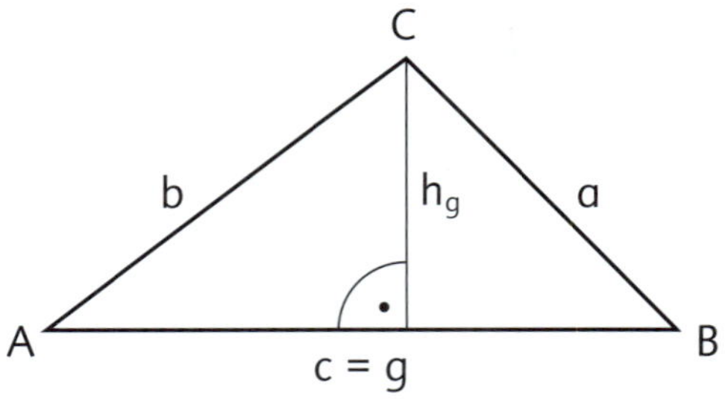
Umfang	$u = a + b + c$	
Flächeninhalt	$A = g \cdot h_g : 2$	
	$A = \frac{g \cdot h_g}{2}$	
Kreis	$d = 2 \cdot r$	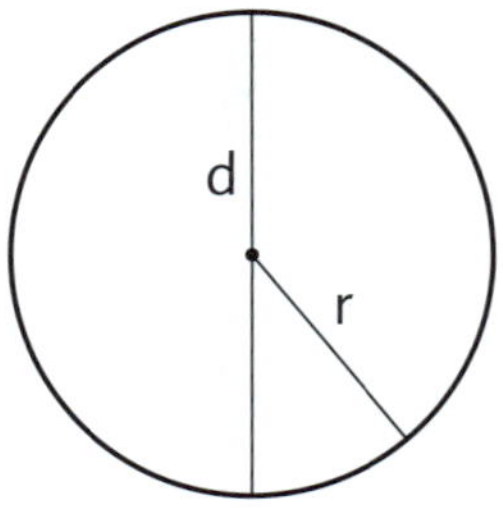
Umfang	$u = \pi \cdot d$ oder	
	$u = 2 \cdot \pi \cdot r$	
Flächeninhalt	$A = \pi \cdot r \cdot r$	
	$A = \pi \cdot r^2$	

Lehrsatz des Pythagoras

Länge der Hypotenuse c	$c^2 = a^2 + b^2$	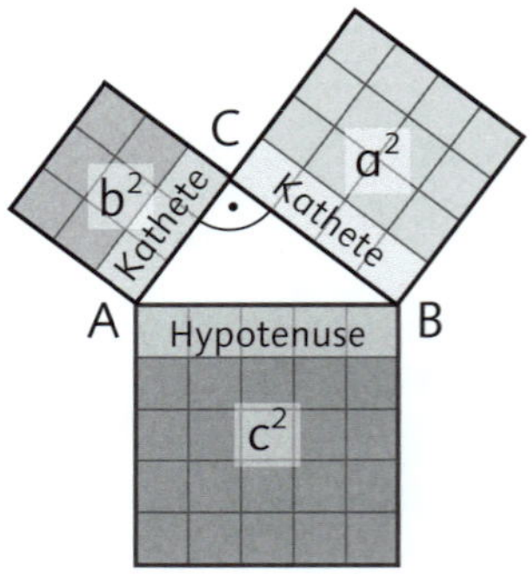
	$c = \sqrt{a^2 + b^2}$	
Länge der Kathete a	$a^2 = c^2 - b^2$	
	$a = \sqrt{c^2 - b^2}$	
Länge der Kathete b	$b^2 = c^2 - a^2$	
	$b = \sqrt{c^2 - a^2}$	

Körper

Würfel		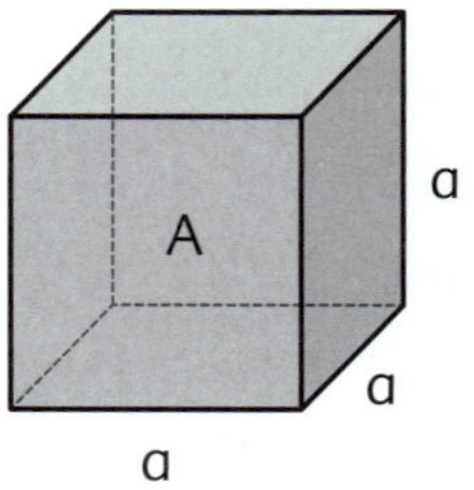
Volumen	$V = a \cdot a \cdot a$	
Oberfläche	$O = 6 \cdot A$	
Quader		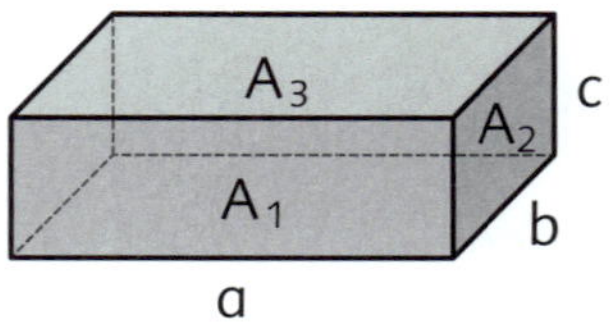
Volumen	$V = a \cdot b \cdot c$	
Oberfläche	$O = 2 \cdot A_1 + 2 \cdot A_2 + 2 \cdot A_3$	